생물학 실험

이론에서 실습까지

생물학 실험

이 론 에 서 실 습 까 지

초판 발행 2025년 1월 20일

지은이 주재열, 임기환, 변상원, 김승균, 박한슬
펴낸이 류원식
펴낸곳 교문사

편집팀장 성혜진 | **책임진행** 김성남 | **디자인·본문편집** 김도희

주소 10881, 경기도 파주시 문발로 116
대표전화 031-955-6111 | **팩스** 031-955-0955
홈페이지 www.gyomoon.com | **이메일** genie@gyomoon.com
등록번호 1968.10.28. 제406-2006-000035호

ISBN 978-89-363-2617-3 (93470)
정가 23,000원

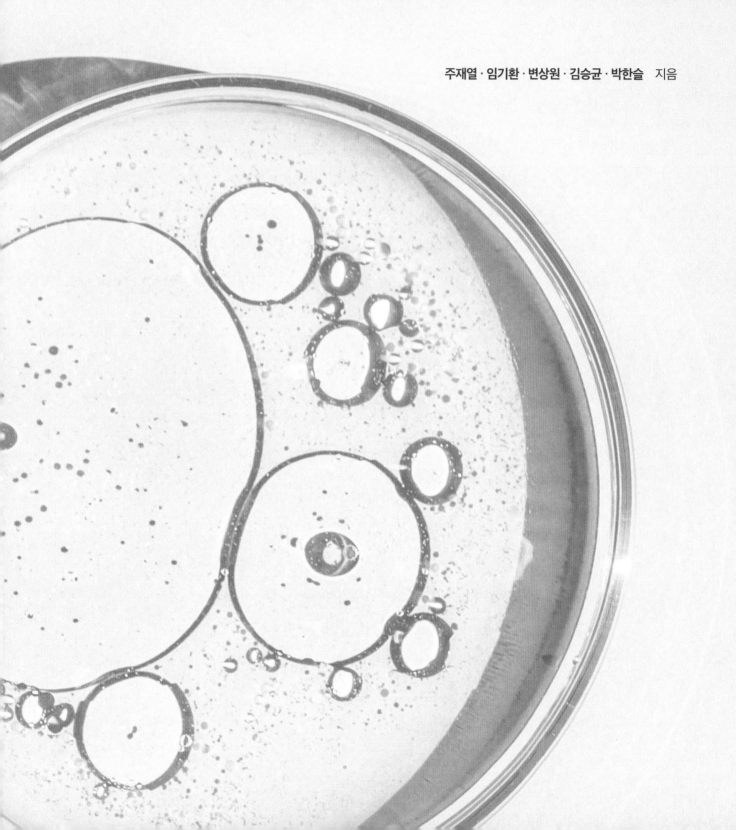

생물학 실험

이론에서 실습까지

주재열 · 임기환 · 변상원 · 김승균 · 박한슬 지음

생물학(生物學)이란 우리 주위에 살아 있는 생명체의 분자적 상호작용을 비롯한 화학적 변화와 함께 생명체를 구성하고 있는 물리적인 구조의 역할 그리고 인체의 생리학적 기능과 메커니즘을 연구하는 학문으로 정의한다.

19세기에 접어들면서 생물학은 단일 학문으로 정립되었지만 그 역사는 과거 고대 그리스 로마 시대의 자연과학과 고대 이집트의 의학으로까지 거슬러 올라간다. 이후 새로운 종(種)들의 발견과 로버트 훅이 발명한 현미경을 이용하여 안토니 판 레이우엔훅이 눈에 보이지 않지만 우리 주위에 존재하고 있던 미생물들을 발견하는 등 생물학은 고대 철학적 사고(思考)로부터 벗어나 세밀한 관찰과 실험을 통해 현상을 설명하고 증명하는 학문으로 발전하였다.

20세기 들어 스페인 독감을 비롯하여, 신종 인플루엔자 바이러스, 중동호흡기증후군(MERS), 그리고 최근 2020년 전 세계를 덮친 코로나19 감염증은 생물학을 통한 이론적인 학습과 함께 실험으로부터 얻은 정보와 지식의 중요성을 잘 설명해 준다.

본 실험서《생물학 실험: 이론에서 실습까지》는 동물, 식물, 미생물 등 다양한 생명체를 재료로 그들의 상호작용과 조직, 세포 안에서의 물리·화학적 변화를 검증된 실험 프로토콜을 통하여 설명할 수 있게 작성되었다. 이 실험서의 집필진들은 한국통합생물학회 출판위원이자 생물학과 관련된 전공의 연구와 강의를 수행해 온 연구자이며 학자이다. 특히 집필에 참여한 집필진들은 모든 챕터의 실험 주제에 대해 직접 실험과 검증을 수행하여 작성하였기에 학생들의 실험실습 과목에 대한 집중도와 관심도가 증가할 것으로 기대한다.

본 교재는 우리나라 생명과학의 산 역사를 만들어 온 한국통합생물학회에서 발간하는 교재로서 그 의미가 있으며, 출판을 위해 힘써 주신 정기화 회장님과 박헌용 전임회장님의 관심과 지원에 다시 한번 깊은 사의(謝意)를 표한다.

끝으로 실험서 출간을 위해 수고해 주신 ㈜교문사 류원식 대표님과 박현수 부장님 그리고 실험서 원고의 사진과 내용 정리에 힘써 주신 각 출판위원 대학원 학생들에게도 깊은 감사의 마음을 전한다.

2025년 1월

한국통합생물학회 출판위원 일동

주재열

한양대학교 약학대학/한국통합생물학회 출판위원장

임기환

충북대학교 약학대학/한국통합생물학회 출판운영위원

변상원

한국생명공학연구원/한국통합생물학회 출판위원

김승균

충남대학교 생명시스템과학대학/한국통합생물학회 출판위원

박한슬

충북대학교 약학대학/한국통합생물학회 출판위원

집필에 도움을 주신 대학원 학생

김성현	한양대학교 약학대학	**양수민**	한양대학교 약학대학
정지혜	한양대학교 약학대학	**최정현**	한양대학교 약학대학
이화형	충북대학교 약학대학	**김영준**	충북대학교 약학대학
서지은	한국생명공학연구원	**박서영**	한국생명공학연구원
이효희	충남대학교 생명시스템과학대학	**장연주**	충남대학교 생명시스템과학대학
문지인	충남대학교 생명시스템과학대학	**오명근**	충남대학교 생명시스템과학대학
김보영	충북대학교 약학대학	**박문수**	충북대학교 약학대학

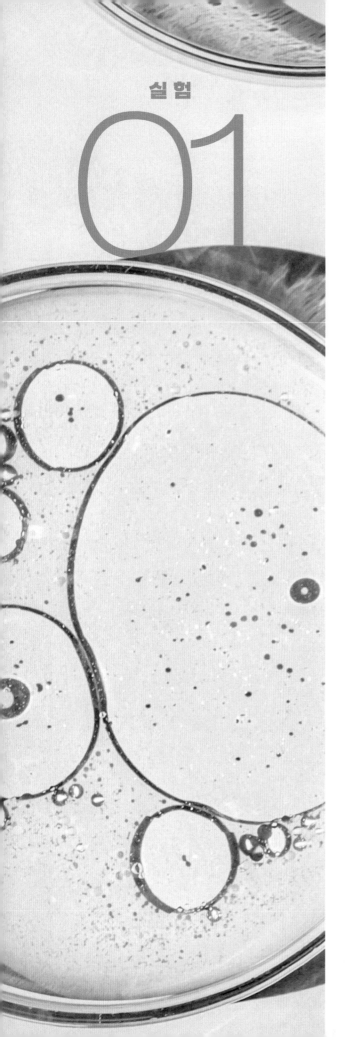

Genomic DNA 추출

학습목표

- 유기체로부터 genomic DNA를 정제하는 방법과 원리를 이해한다.

원리

(1) Genomic DNA 정의

Genomic DNA는 생물의 각 세포에 들어 있는 유전 가능한 모든 유전정보(total genetic information)이며, 유기체의 발달, 유지 및 번식에 필요한 정보 등 생명체가 살아가는 데 필요한 모든 정보를 담고 있다. RNA 바이러스(RNA virus)를 제외한 모든 생물의 유전체는 DNA이며, 대부분의 생물에서 염색체(chromosome)라고 불리는 DNA-단백질 복합체로 구성되어 있다. 생물에 따라 genomic DNA의 크기, 염색체 수, 그리고 성질은 다르게 나타나는데, 특히 진핵세포의 genomic DNA는 번역(coding), 비번역(noncoding) 영역으로 이루어져 있어 가공과정에 따라 다양한 단백질을 합성하게 되어 생물학적 다양성을 나타내게 된다.[1,2]

(2) Genomic DNA 종류

① **원핵세포** : 원핵세포의 유전체는 한 분자의 염색체로 구성되며 진핵세포에 비해 상대적으로 적은 양의 단백질이 유전체와 결합하고 있다. 막으로 둘러싸이지 않은 핵양체(nucleoid) 영역에 불특정한 모양으로 염색체 DNA(chromosomal DNA)가 응축되어 있으며, 독립적으로 존재하고 있는 플라스미드 DNA(plasmid DNA)가 존재한다.[2]

② **진핵세포** : 대부분의 진핵세포 genomic DNA는 이중막 구조인 세포핵(nucleus) 내에 위치하고 있으며 다양한 크기의 선형 염색체로 존재한다. 각 염색체는 하나의 긴 DNA 분자가 히스톤 단백질을 둘러싸고 있고, 이 DNA는 이중나선구조를 띠고 있다. 일부 엽록체와 미토콘드리아에도 원형의 DNA가 존재하며 이들 각각의 세포소기관에서 작용하는 단백질을 암호화한다.[2]

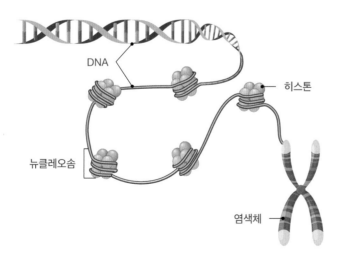

그림 1-1   Chromosomal DNA

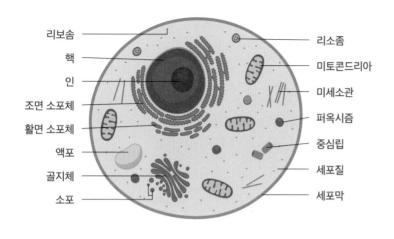

그림 1-2 진핵세포의 DNA

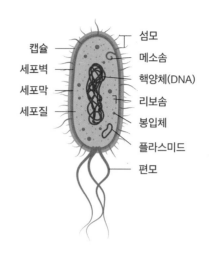

그림 1-3 원핵세포의 DNA

(3) Genomic DNA 추출

Genomic DNA 분리는 세포핵에서 chromosomal DNA를 얻는 과정이다. 세포 내부에 있는 DNA를 추출하기 위해 세포를 감싸고 있는 세포벽과 세포막을 제거해 주어야 한다. 이러한 DNA를 분리하는 방법에는 여러 가지가 있으며 세포조직과 DNA 구조에 따라 추출 방법에 차이가 있다.[4, 5]

① 세포(Cell)

세포의 가장 바깥쪽 구조인 세포벽 또는 세포막을 분해하기 위해 NaCl, EDTA(ethylenediamine tetraacetic acid), SDS(sodium dodecyl sulfate)가 포함되어 있는 cell lysis buffer를 처리한다. NaCl은 완충액의 이온 강도를 증가시켜 분자 간 상호작용을 방해해 비특이적인 단백질과의 상호작용을 막고, EDTA는 착염(chelate)을 통해 Mg^{2+}, Ca^{2+}과 같은 2가 양이온을 붙잡아 두어 DNA 분해효소(nuclease) 활성을 막는다. SDS는 인지질로 이루어진 세포막과 단백질을 분해시키는 이온성 계면활성제(ionic detergent)로 작용한다.[3~6]

② 조직(Tissue)

조직에서는 조직구조와 세포막을 분해하기 위해 tissue lysis buffer를 처리하는데, 일반적으로 cell lysis buffer와 유사하나 특성에 따라 더욱 강력한 시약이 첨가될 수 있다. 조직 분쇄를 위해 그라인더(dounce grinder), 균질화기(homogenizer), magnetic bead 등 물리적 힘을 사용한 뒤 화학적 반응 및 원심분리 방법을 통해 DNA가 들어 있는 상층액과 단백질이 포함된 층으로 분리시켜 준다.[4, 5]

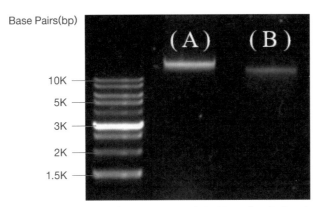

Base Pairs(bp)

(A) (B)

10K
5K
3K
2K
1.5K

- A : Human(HEK293T cell line), B : Mouse(cerebellum tissue)
- 1% agarose gel, 500 ng genomic DNA loading

그림 1-4   Genomic DNA 전기영동 결과

(4) Genomic DNA 추출에 사용되는 시약과 원리

① Lysis buffer는 pH를 변화시켜 세포막을 분해하고 DNA, RNA, 단백질 등을 추출하기 위해서 사용된다. 이 용액은 일반적으로 NaCl, EDTA, SDS를 포함한다.[7~9]

② Proteinase K는 serine protease로, 소수성, 황(S) 함유, 방향족 아미노산의 C-말단에 인접한 ester 결합과 peptide 결합을 우선적으로 분해하여 대부분의 종류의 단백질 불순물을 분해시킨다. Ca^{2+}을 함유한 용액에서 효소 활성이 안정적으로 유지되며, SDS나 urea 같은 단백질 변성제와 같이 사용하면 효소의 활성이 증가한다.[11]

③ 페놀 : 클로로포름 : 아이소아밀 알코올(phenol : chloroform : isoamyl alcohol)의 경우 유기 용매인 페놀은 단백질을 변성시키고 침전시키는 역할을 하며, 클로로포름은 페놀층과 수용액층을 구분해 주어 보다 쉽게 DNA를 추출할 수 있게 도와준다. 그 결과 DNA는 수용액층에 모이고 단백질은 변성시켜 유기층 또는 interphase로 분리된다.[8]

④ 글리코젠(glycogen)은 branched chain 형태의 탄수화물로, 에탄올에서 불용성으로 존재하여 원심분리 이후 핵산과 엉겨 침전시키는 역할을 한다.[9]

⑤ 암모늄 아세테이트(ammonium acetate, NH₄OAc)는 Na^+이 DNA의 당-인산 골격의 음전하를 중화(neutralization)시켜 DNA 침전을 도와준다.[10]

⑥ 에탄올(ethanol, EtOH)의 경우 100% 에탄올은 염(salt)으로 인해 중화된 DNA를 침전시키고, 70% 에탄올은 남아 있는 염을 제거하는 역할을 한다.[11]

시약 및 기구

(1) 시약

Tissue lysis buffer

시약	시약 농도	Buffer 농도	양(100 mL 기준)
Tris pH 8.0	1 M	100 mM	10 mL
NaCl	5 M	200 mM	4 mL
EDTA pH 8.0	0.5 M	5 mM	1 mL
SDS	20%	0.2%	1 mL
H_2O			up to 100 mL

Cell lysis buffer

시약	시약 농도	Buffer 농도	양(100 mL 기준)
Tris pH 8.0	1 M	10 mM	1 mL
NaCl	5 M	100 mM	2 mL
EDTA pH 8.0	0.5 M	10 mM	2 mL
SDS	20%	0.5%	2.5 mL
H_2O			up to 100 mL

Proteinase K(20 mg/mL), 1xPBS, 페놀 : 클로로포름 : 아이소아밀 알코올(25 : 24 : 1), 글리코젠, 암모늄 아세테이트, 70% 에탄올, Nuclease-free water

(2) 기구

Vortex, Shaking incubator(또는 heat block), 원심분리기, 마이크로피펫

실험 방법

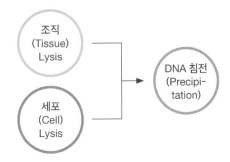

(1) 조직(Tissue)

❶ 조직 샘플에 tissue lysis buffer 0.5 mL와 proteinase K 5 µL를 넣는다.

❷ Vortex하여 완전히 섞어준다.

❸ Shaking incubator*(~500 rpm) 56℃에서 하루 밤 동안 반응시켜 준다.

---

*Shaking incubator가 없다면 반응 중간중간 vortex해 준다.

---

❹ 최대 속도로 원심분리를 10분 수행하고 분해되지 않은 잔여물을 가라앉힌 뒤, 상층액을 새 튜브로 옮긴다.

❺ 아래 '(3) DNA 침전' 과정으로 이어서 실험을 진행한다.

(2) 세포(Cell)

❶ Media를 제거한 세포에 1xPBS를 넣고 세포를 모아준다.

❷ 원심분리를 1,000 rpm, 상온(25℃)에서 1분간 수행한다.

❸ 상층액을 버린 뒤, 1xPBS 0.1 mL를 넣고 피펫으로 세포를 풀어준다.

❹ Cell lysis buffer를 0.1 mL, proteinase K를 2 µL 넣고 완전히 섞는다.

❺ Shaking incubator*(1,400 rpm) 56℃에서 1시간 동안 반응시켜 준다.

---

*Shaking incubator가 없다면 반응 중간중간 vortex해 준다.

---

❻ 아래 '(3) DNA 침전' 과정으로 이어서 실험을 진행한다.

(3) DNA 침전(Precipitation)

❶ 샘플에 페놀 : 클로로포름 : 아이소아밀 알코올(25 : 24 : 1)을 1 mL가 되도록 넣고, 완전히 섞어 준다.

❷ 원심분리를 15,000 rpm, 상온(25℃)에서 5분간 수행한다.

❸ DNA가 포함된 투명한 상층액을 새 튜브로 옮긴다.

❹ 다음 시약을 적당한 양으로 넣어준다.

시약	농도	양
Glycogen	20 μg/μL	1 μL
Ammonium acetate(NH$_4$OAc)	7.5 M	sample × 0.5 μL
에탄올(Ethanol)	100%	(sample + ammonium acetate) × 2.5 μL

❺ -80℃에서 1시간 방치하여 DNA를 침전시킨다.

★-20℃에서 방치 후 다음 날 실험 재개 가능

❻ 원심분리를 15,000 rpm, 4℃에서 30분간 수행한다.

❼ 상층액을 제거한다.

❽ 70% 에탄올 0.2 mL를 넣는다.

❾ 원심분리를 15,000 rpm, 4℃에서 2분간 수행한다.

❿ 상층액을 제거한다.

★❽~❿번 과정을 반복 수행

⓫ DNA 펠릿을 건조시킨다.

⓬ Nuclease-free water로 펠릿을 녹여준다.

참고문헌

1   What is Genomic DNA, QIAGEN

2   Campbell biology, 12th edition. 2022

3   https://www.aatbio.com/resources/faq-frequently-asked-questions/What-is-the-role-of-NaCl-in-lysis-buffer

4   https://www.thermofisher.com/kr/ko/home/life-science/protein-biology/protein-biology-learning-center/protein-biology-resource-library/pierce-protein-methods/traditional-methods-cell-lysis.html

5   A Review on Macroscale and Microscale Cell Lysis Methods, Micromachines(Basel), 2017

6   https://www.takara.co.kr/web01/product/productList.asp?lcode=T9191

7   https://takara.co.kr/web01/product/productList.asp?lcode=9034

8   https://www.thermofisher.com/order/catalog/product/15593031

9   https://www.thermofisher.com/order/catalog/product/kr/en/R0561

10 https://www.sigmaaldrich.com/KR/ko/product/sial/73594

11 https://www.mpbio.com/kr/the-basics-of-rna-extraction

실험조		학번		작성자	
실험 일자		제출 일자		담당 조교	

학번		작성자	

실험조		학번		작성자	
실험 일자		제출 일자		담당 조교	

실험조		학번		작성자	
실험 일자		제출 일자		담당 조교	

실험조		학번		작성자	
실험 일자		제출 일자		담당 조교	

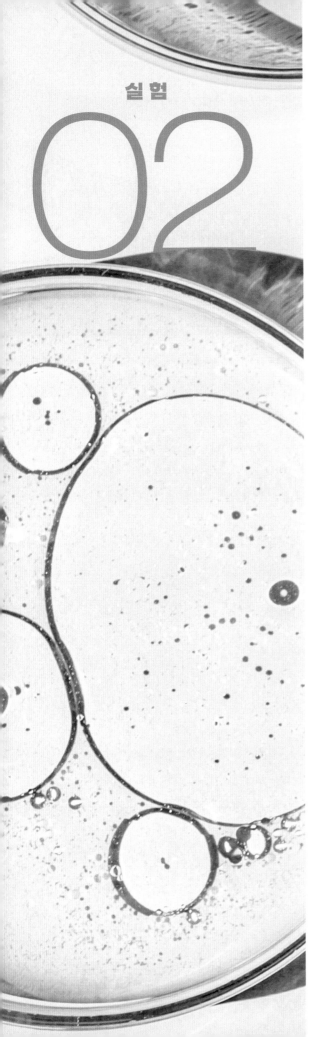

RNA 추출

학습목표

• 유기체로부터 RNA를 정제하는 방법과 원리를 이해한다.

원리

(1) RNA에 대한 정의

RNA는 Ribonucleic Acid로 아데닌(Adenine, A), 우라실(Uracil, U), 사이토신(Cytosine, C), 구아닌(Guanine, G)의 총 네 가지의 염기와 5단탄인 리보스, 인산기로 이루어져 있다. RNA는 DNA와 달리 리보스의 2번 탄소 자리에 −OH가 존재한다. −OH는 수산기로, 반응성이 커서 활발하게 반응하려고 한다. 이러한 이유로 RNA는 DNA보다 구조적으로 불안정하여 더 쉽게 분해된다. RNA는 역할에 따라 여러 종류로 분류될 수 있는데, messenger RNA(mRNA), ribosomal RNA(rRNA), micro RNA(miRNA), small nuclear RNA(snRNA) 등이 있으며 각각 다른 기능과 구조를 가지고 있다.[1]

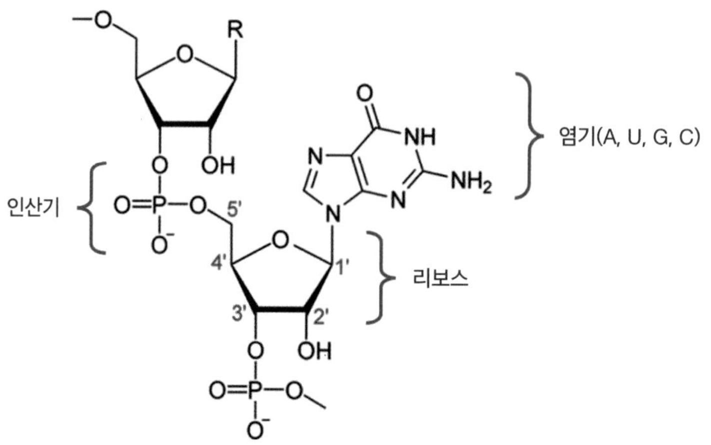

그림 2-1 RNA의 구조

(2) RNA 추출의 정의, 응용 및 원리

RNA 추출은 조직과 세포 등에서 RNA를 정제(추출, 분리)하는 과정이다. 표적 유전자가 발현되는지를 RNA 수준에서 확인하고자 할 때, RNA 서열 분석을 통해 유전자 탐색 및 발현 패턴 등을 확인하기 위해 RNA 추출을 한다. 또한 cDNA 합성, PCR, 시퀀싱(sequencing), 클로닝(cloning) 등의 실험을 진행하기 전, RNA의 정확한 순도와 농도를 파악하여 여러 종류의 분자생물학 연구에 활용하고 있다.[2]

RNA는 세포 내에 존재하므로 먼저 세포를 분해해야 한다. 시약을 이용해 세포를 분해하여 DNA와 RNA, 단백질 등이 세포 밖으로 나오도록 한다. 밖으로 나온 DNA와 RNA, 단백질 등이 층을 이루어 분리되도록 한 다음, RNA만 침전시킨다. 그 후 분광광도계를 사용하여 RNA의 농도와 순도를 측정하며, 이후 실험에서 사용할 수 있도록 한다.

RNase는 RNA를 분해하는 효소로 대부분의 생물체에 존재한다. RNase에 의해서 추출하고자 하는 RNA가 분해되면, 결과에 큰 영향을 미치기 때문에 RNA 추출 과정에서는 RNase가 제거되어야 한다. 이러한 이유로 RNase 억제제(inhibitor)를 사용하여 RNase를 제거한다.[3]

(3) RNA 추출에 사용되는 시약과 원리

TRIzol은 세포막을 분해하여 세포막 내에 존재하는 DNA와 RNA, 단백질, 지질을 세포막 밖으로 나오도록 한다. TRIzol 성분에는 페놀(phenol)과 구아니딘 아이소티오시아네이트(guanidine isothiocyanate)가 함유되어 있다. 페놀은 낮은 pH를 가지고 있기 때문에 DNA와 RNA, 단백질, 지질을 분리하고, 구아니딘 아이소티오시아네이트는 단백질을 변성시키며[4] RNase를 불활성화시킨다.

클로로포름(chloroform)은 RNA를 분리한다. DNA, RNA, 단백질의 층이 분리되어 상층(aqueous phase)과 중간층, 하층(phenol-chloroform)으로 나뉜다. RNA와 H_2O가 상층에 존재하고, 중간층에 DNA, 맨 하층에 붉은색 유기층인 단백질과 지질로 분리된다.[5]

아이소프로판올(isopropanol)은 핵산을 농축 및 침전시킨다. RNA는 클로로포름에 의해 상층에 응집하게 되고, 원심분리로 인해 펠릿을 형성하게 된다.[6]

75% 에탄올(EtOH)로 세척을 통해 RNA를 침전시켰을 때 함께 침전된 불순물 등을 제거하여 순도 높은 RNA를 추출한다. 이때 용매는 3차 증류수 대신 디에틸피로카보네이트(Diethyl-pyrocarbonate, DEPC)를 사용하는데, DEPC가 RNase를 불활성화시키기 때문에 RNA가 분해되지 않아야 하는 위 실험에서는 DEPC가 용매로서 적합하다.[7]

RNase Zap은 불안정한 RNA가 RNase에 의해 분해되는 것을 막기 위해 RNase를 제거하여 RNA가 분해되는 것을 방지한다. 실험 중 RNase Zap을 수시로 사용한다.[8]

(4) RNA 추출 이후 농도와 순도 측정

RNA 추출 이후 농도 및 순도를 측정하기 위해 분광광도계(spectrophotometer)를 사용하여, 극소량 샘플의 분광도를 측정한다. 빛을 흡수하는 파장을 이용해 샘플이 빛을 흡수하거나 반사하는 양에 따라서 샘플의 농도와 순도가 측정된다. 핵산은 260 nm에서 빛을 흡수하고, 280 nm는 타이로신(tyrosine), 트립토판(tryptophan) 등의 단백질이 빛을 최대로 흡수하는 파장이며, 230 nm는 페놀, 에틸렌다이아민테트라아세트산(ethylene diamine tetra-acetic acid, EDTA) 등의 유기물이 빛을 최대로 흡수하는 파장이다. RNA의 순도를 확인하기 위해 두 가지의 비율을 확인하는데, A260/A280의 비율이 2.0에 가까울수록, A260/A230의 비율이 1.9~2.2 범위일 때 순수한 RNA라 한다.[9]

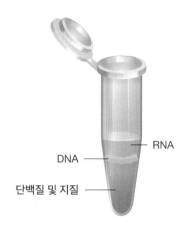

그림 2-2 상층, 중간층, 하층의 분리 모습

시약 및 기구

(1) 시약

TRIzol reagent, 클로로포름, 아이소프로판올, 75% 에탄올, DEPC, RNase-free water

(2) 기구

Homogenizer, 원심분리기, 마이크로피펫, 분광광도계, Heat block

실험 방법

(1) 조직(Tissue)

❶ 조직 샘플(~100 mg 권장)에 TRIzol reagent를 0.3 mL 넣어준다.

❷ 균질화(homogenization)를 위해 homogenizer를 통해 으깨준다.

❸ TRIzol reagent를 1 mL가 되도록 추가하고 완전히 섞어준다.

★실험 멈춤. 해당 과정에서 -20℃ 또는 -80℃에 장기 보관 가능

❹ 클로로포름 0.2 mL를 추가로 넣어준 뒤, 세게 흔들어 섞어준다.

❺ 15분간 상온에 방치한다.

❻ 원심분리를 15,000 rpm, 4℃에서 15분간 수행한다.

❼ 분리된 3개의 층 중 투명한 상층(aqueous phase)*을 새로운 튜브에 옮긴다.

---

*원심분리 후, 나뉘어진 3개의 층은 붉은색의 하층, 흰색의 중간층, 투명한 상층으로 구성된다. 투명한 상층 영역을 옮길 때 다른 층은 건드리지 않도록 주의한다.

---

❽ 옮긴 층과 동일한 양의 아이소프로판올을 추가하여 섞어준다.

❾ 10분간 상온에 방치한다.

❿ 원심분리를 15,000 rpm, 4℃에서 10분간 수행한다.

⓫ 튜브 바닥의 펠릿을 제외하고 상층액을 버린다.

⓬ 75% 에탄올을 1 mL 넣어준다.

⓭ 원심분리를 10,000 rpm, 4℃에서 5분간 수행한다.

⓮ 튜브 바닥의 펠릿을 제외하고 상층액을 버린다.

⓯ 남은 펠릿을 건조시킨다.

⓰ 적당한 양의 RNase-free water로 펠릿을 녹여준다.

⓱ 55~60℃에서 10분간 방치한다.

⓲ RNA의 농도를 측정한다.

⓳ -20℃에서 보관한다.

(2) 세포(Cell)

❶ Media를 제거한 세포에 TRIzol reagent를 1 mL가 되도록 넣어준다.

❷ 균질화(homogenization)를 위해 섞어준다.

★실험 멈춤. 해당 과정에서 -20℃ 또는 -80℃에 장기 보관 가능

---

❸ 클로로포름 0.2 mL를 추가로 넣어준 뒤, 세게 흔들어 섞어준다.

❹ 15분간 상온에 방치한다.

❺ 원심분리를 15,000 rpm, 4℃에서 15분간 수행한다.

❻ 분리된 3개의 층 중 투명한 상층을 새로운 튜브에 옮긴다.

❼ 옮긴 층과 동일한 양의 아이소프로판올을 추가하여 섞어준다.

❽ 10분간 상온에 방치한다.

❾ 원심분리를 15,000 rpm, 4℃에서 10분간 수행한다.

⑩ 튜브 바닥의 펠릿을 제외하고 상층액을 버린다.

⑪ 75% 에탄올을 1 mL 넣어준다.

⑫ 원심분리를 10,000 rpm, 4℃에서 5분간 수행한다.

⑬ 튜브 바닥의 펠릿을 제외하고 상층액을 버린다.

⑭ 남은 펠릿을 건조시킨다.

⑮ 적당한 양의 RNase-free water로 펠릿을 녹여준다.

⑯ 55~60℃에서 10분간 방치한다.

⑰ RNA의 농도를 측정한다.

⑱ -20℃에서 보관한다.

참고문헌

1 https://www.britannica.com/science/RNA

2 https://www.ncbi.nlm.nih.gov/pmc/articles/PMC6031757/

3 https://www.thermofisher.com/kr/en/home/life-science/dna-rna-purification-analysis/rna-extraction/rna-extraction-products/rnase-inhibitors.html

4 https://zymoresearch.eu/pages/what-is-trizol

5 https://www.thermofisher.com/order/catalog/product/kr/en/15596026

6 https://www.thermofisher.com/kr/ko/home/life-science/dna-rna-purification-analysis/rna-extraction/working-with-rna.html

7 https://www.bioneer.co.kr/20-c-9030.html

8 https://www.thermofisher.com/order/catalog/product/kr/en/AM9780

9 Alejandro Monserrat García-Alegría et. al., Quantification of DNA through the NanoDrop Spectrophotometer : Methodological Validation Using Standard Reference Material and Sprague Dawley Rat and Human DNA, Int J Anal Chem, 2020

실험조		학번		작성자	
실험 일자		제출 일자		담당 조교	

실험조		학번		작성자	
실험 일자		제출 일자		담당 조교	

실험조		학번		작성자	
실험 일자		제출 일자		담당 조교	

실험조		학번		작성자	
실험 일자		제출 일자		담당 조교	

실험조		학번		작성자	

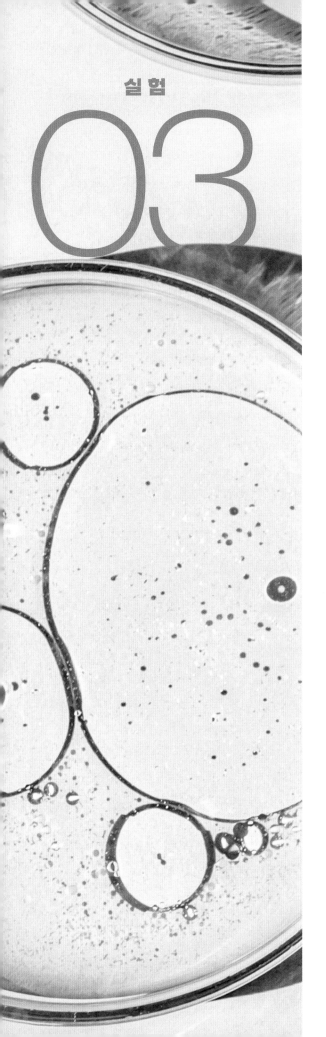

cDNA synthesis

학습목표

- cDNA에 대해 이해한다.

- mRNA를 이용한 cDNA 합성 방법을 학습한다.

원리

(1) cDNA Synthesis 원리

cDNA synthesis는 RNA의 정보를 DNA로 변환하는 중요한 실험 기술 중 하나로, mRNA 발현 수준과 구조를 연구하거나 유전자 발현 분석, 유전자 클로닝, PCR 등의 응용 분야에서 사용한다. cDNA(complementary DNA)는 mRNA를 주형으로 역전사효소와 DNA polymerase에 의해 합성된 DNA로, 이는 mRNA에 상보적 배열을 가지고 있어 상보적 DNA라 불린다. RNA는 단일가닥으로 불안정하나 이중가닥으로 전환시킨 DNA는 비교적 안정적이다. DNA는 유전정보를 갖는 엑손(exon)과 의미 없는 부분인 인트론(intron)으로 구성되어 있는데, DNA가 mRNA가 되는 과정 중 스플라이싱(splicing) 과정을 거쳐 인트론은 제거된다. cDNA는 DNA에서 엑손만이 존재하는 DNA를 칭한다. 즉, mRNA 자체로는 PCR의 산물이 될 수 없기 때문에 RT(reverse transcription) 반응을 통해 역전사효소를 이용하여 mRNA의 cDNA로의 변환이 필요하다. mRNA는 3′ 말단에 poly A tail이 있으므로, oligo-dT primer를 사용하여 mRNA의 poly(A) 꼬리에 결합한 후, 역전사효소가 RNA를 cDNA로 합성한다.

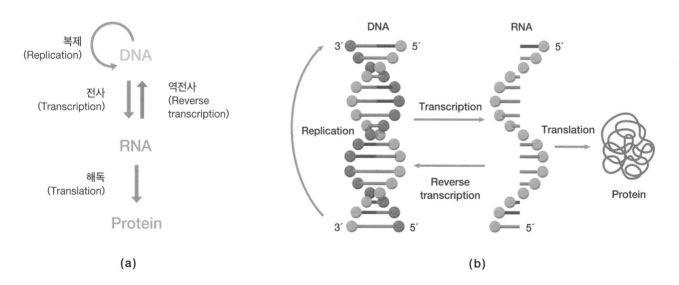

(a) (b)

그림 3-1 Reverse Transcription-Polymerase Chain Reaction(RT-PCR)

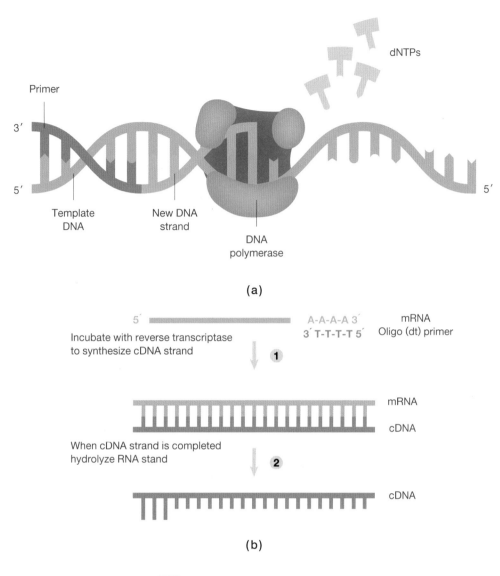

dNTPs

Primer

3′

5′

Template DNA

New DNA strand

DNA polymerase

5′

(a)

5′ ▬▬▬▬▬▬▬▬ A-A-A-A 3′   mRNA

3′ T-T-T-T 5′   Oligo (dt) primer

Incubate with reverse transcriptase to synthesize cDNA strand   **①**

mRNA

cDNA

When cDNA strand is completed hydrolyze RNA stand   **②**

cDNA

(b)

그림 3-2   Reverse Transcription(RT)

시약 및 기구

(1) 시약

DEPC solution, Template RNA(total RNA or mRNA), Primer(oligo-dT), Enzyme(reverse transcriptase), dNTP mixture

(2) 기구

PCR machine

그림 3-3 PCR machine

실험 방법

❶ Complementary DNA(cDNA) 합성을 위해 PCR reaction tube에 아래와 같이 넣어준다.

Reaction tube	Samples
Template RNA (0.5~1 µg/µL)	X µL
Oligo-dT$_{20}$ (10~50 pM)	X µL
Reverse transcriptase (200 U/µL)	1 µL
5X Reaction buffer	4 µL
dNTP mixture (10 mM)	1 µL
DEPC solution	X µL (위 용액들을 모두 포함하여 총 20 µL가 되도록 맞춰서 넣어준다)
Total volume	20 µL

❷ PCR machine에서 tube를 42℃, 60분간 cDNA 합성 진행 후 72℃, 5분간 Reverse transcriptase inactivation을 시킨다.

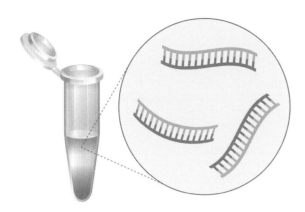

그림 3-4   cDNA synthesis

참고문헌

1   https://www.thermofisher.com/kr/ko/home/life-science/cloning/cloning-learning-center/invitrogen-school-of-molecular-biology/rt-education/reverse-transcription-basics.html

2   https://theory.labster.com/reverse-transcriptase-pcr/

3   http://m.dibio.co.kr/page/page16

4   https://www.bioneer.co.kr/20-e-3131-cfg.html

5   https://www.enzynomics.com/shop/product_item.php?it_id=d02002

6   https://www.bioneer.co.kr/20-c-9030.html

7   https://www.bioneer.co.kr/20-k-2055-cfg.html

8   https://www.thermofisher.com/kr/ko/home/life-science/pcr/reverse-transcription/5steps-cDNA.html

9   https://www.thermofisher.com/kr/ko/home/life-science/pcr/reverse-transcription/superscript-iv-vilo-master-mix.html

10   Krug M.S., Berger S.L. First-strand cDNA synthesis primed with oligo(dT). Methods Enzymol. 1987

11   Michael R. Green, Joseph Sambrook (2012). Molecular Cloning A Laboratory Manual 4th Edition. Cold Spring Harbor : Cold Spring Harbor Laboratory Press

실험조		학번		작성자	
실험 일자		제출 일자		담당 조교	

실험조		학번		작성자	
실험 일자		제출 일자		담당 조교	

실험조		학번		작성자	
실험 일자		제출 일자		담당 조교	

실험조		학번		작성자	
실험 일자		제출 일자		담당 조교	

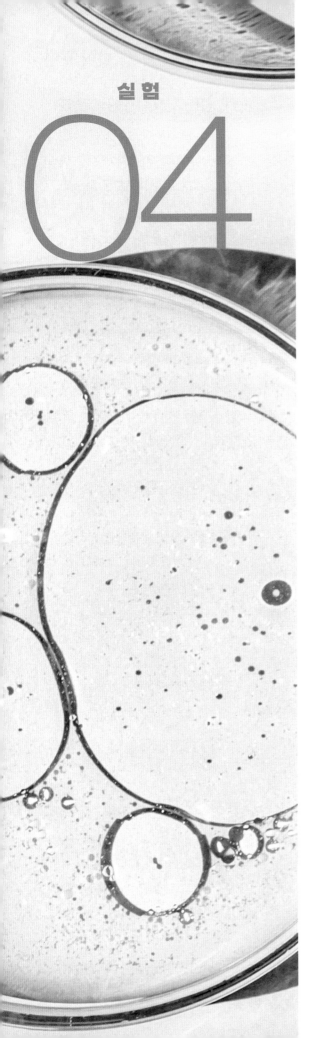

중합효소연쇄반응 (Polymerase Chain Reaction, PCR)

학습목표

- PCR의 원리에 대해 학습한다.

- PCR 실험을 진행하고 학습한다.

원리

(1) PCR 원리

중합효소연쇄반응(Polymerase Chain Reaction, PCR)은 역전사과정(reverse transcription)을 통해 생성된 cDNA를 이용하고 고온에서도 활성을 잃지 않는 DNA 중합효소(Taq polymerase)를 사용하여 DNA의 특정 부분, 원하는 DNA 염기서열을 대량으로 증폭·복제시키는 분자생물학적 기술이다. 이 기술은 사람의 게놈과 같은 매우 복잡하며 양이 지극히 미량인 DNA 용액에서 연구자가 원하는 특정 DNA 단편만을 선택적으로 증폭시킬 수 있다. PCR은 3단계의 과정으로 이루어지는데, (1) DNA 변성(denaturation), (2) Primer 결합(annealing), (3) DNA 신장(extension)으로 진행한다.

① DNA 변성(Denaturation) : 92~95℃, 이중가닥 DNA가 단일가닥 DNA로 분리

② Primer 결합(Annealing) : 50~65℃, 단일가닥 DNA에 Primer가 결합

③ DNA 신장(Extension) : 70~74℃, DNA 합성(원하는 DNA의 크기 1 kb당 1분의 시간이 필요)

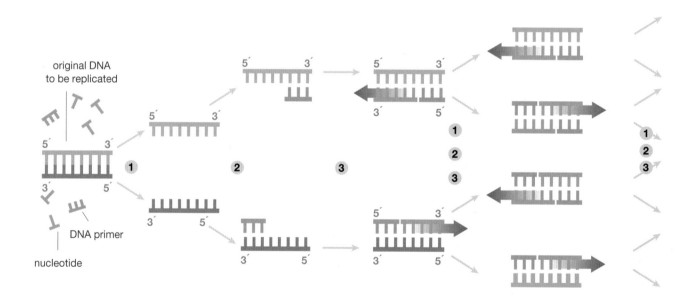

1 Denaturation at 94~96℃   2 Annealing at 68℃   3 Extension at ca. 72℃

그림 4-1 PCR

시약 및 기구

(1) 시약

Nuclease free dH₂O, Sense primer 10 pM(=forward primer), Anti-sense primer 10 pM(=reverse primer), Taq polymerase, Polymerase buffer, dNTP mixture, Template cDNA

(2) 기구

PCR machine

그림 **4-2**　PCR machine

실험 방법

❶ (PreMix가 있는 경우) 합성한 cDNA를 주형으로 PCR을 진행한다. PCR PreMix tube(Taq polymerase, dNTP 첨가)에 아래와 같이 첨가한다.

Reaction tube	Samples
Sense primer 10 pM (=forward primer)	1 μL
Anti-sense primer 10 pM (=reverse primer)	1 μL
cDNA (10~100 ng)	X μL
Nuclease free dH₂O	X μL (위의 용액들을 모두 포함하여 총 20 μL가 되도록 맞춰서 넣어준다)
Total volume	20 μL

❷ 합성한 cDNA를 주형으로 PCR을 진행한다. PCR reaction tube에 아래와 같이 첨가한다.

Reaction tube	Samples
Sense primer 10 pM (=forward primer)	1 μL
Anti-sense primer 10 pM (=reverse primer)	1 μL
Taq polymerase	1 μL
10X Polymerase reaction buffer	2 μL
10X dNTP mixture (2 mM)	2 μL
cDNA (10~100 ng)	X μL
Nuclease free dH$_2$O	X μL (위의 용액들을 모두 포함하여 총 20 μL가 되도록 맞춰서 넣어준다.)
Total volume	20 μL

❸ PCR 조건은 다음과 같다.

	Pre-denaturation	Denaturation	Annealing	Extension	Final extension
Temp. (℃)	94	94	54	72	72
Time	5 min	30 sec	30 sec	1 min	5 min
Cycle	27 ~ 32 cycles				

❹ Agarose gel electrophoresis를 진행한다.

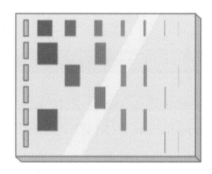

그림 4-3 Agarose gel electrophoresis

참고문헌

1   http://m.dibio.co.kr/page/page16

2   Michael R. Green, Joseph Sambrook (2012). Molecular Cloning A Laboratory Manual
    4th Edition. Cold Spring Harbor : Cold Spring Harbor Laboratory Press

3   https://www.khanacademy.org/science/ap-biology/gene-expression-and-
    regulation/biotechnology/a/polymerase-chain-reaction-pcr

4   https://www.genome.gov/genetics-glossary/Polymerase-Chain-Reaction

5   https://www.ncbi.nlm.nih.gov/probe/docs/techpcr/

6   https://www.enzynomics.com/bbs/board.php?bo_table=information

실험조		학번		작성자	
실험 일자		제출 일자		담당 조교	

실험조		학번		작성자	
실험 일자		제출 일자		담당 조교	

실험조		학번		작성자	
실험 일자		제출 일자		담당 조교	

실험조		학번		작성자	
실험 일자		제출 일자		담당 조교	

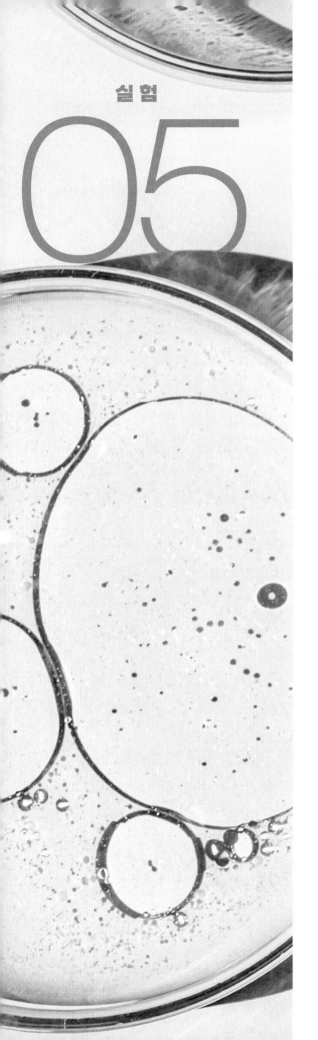

전기영동 (Gel electro-phoresis)

학습목표

- 전기영동의 기본 개념을 이해한다.

- 전기영동을 통해 DNA를 크기에 따라 분리하는 방법과 원리를 이해한다.

원리

(1) 전기영동 정의

전기영동은 용액 속에서 전하를 띤 물질이 전기장에 의해 이동하는 현상을 말한다. 실험에서 DNA 또는 RNA 조각을 분리할 때 사용되며, agarose gel과 같은 격자 모양의 구조체를 사용하여 시료를 분자 크기에 따라 분리한다. 이때 분자의 크기가 클수록 물질은 더 느리게 이동하기 때문에 DNA나 RNA와 같은 물질을 분자 크기에 따라 효과적으로 분리할 수 있다.

그림 5-1 Agarose polymer 구조

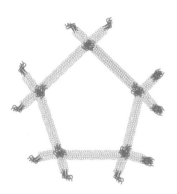

그림 5-2 Agarose gel 구조

(2) 전기영동 원리와 응용

Agarose는 홍조류의 세포벽에서 추출되는 다당류로 한천의 주요 성분이다. Agarose는 그림 5-1과 같이 선형 폴리머 구조를 이루며, 젤리와 유사한 물질이다.[1]

　DNA 또는 RNA 분자가 agarose gel에 걸리는 이유는 그림 5-2의 agarose gel 구조가 그물 모양의 입체구조로 되어 있기 때문이다. 분자 크기가 작을 경우 그물 구조를 쉽게 통과할 수 있으며, 분자 크기가 클 경우 그물 구조를 통과하는 데 시간이 걸릴 것이다.

　전기영동을 진행하기 위해 DNA나 RNA와 같은 분자를 agarose gel에 넣기 위해 높은 온도에서 agarose를 녹이고 comb을 꽂고 굳을 때까지 기다린다. Comb에 의해 생긴 홈에 DNA 또는 RNA 분자를 넣고 겔 안에 전류를 흐르게 하여 전하 차에 의한 분자 이동을 만든다.[2]

　DNA는 인산기로 인해 전체적으로 음전하를 띠는 전기적 특성이 있다. 따라서 DNA를 포함한 시료를 홈에 넣은 후, 전류를 주어 음(−)극과 양(+)극을 갖는 전기장을 형성하면 DNA는 음극에서 양극으로 이동하게 된다. 이를 통해 DNA를 분리하고 분석할 수 있다.

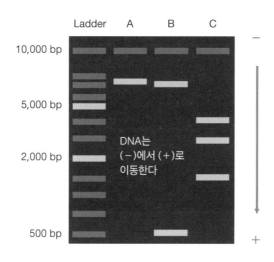

그림 5-3   전기영동에 사용되는 아가로오스 겔

(3) 전기영동에 사용되는 시약과 원리

① Agarose : Agarose gel은 3차원 그물망이 형성되기 때문에 DNA 분자의 통과속도는 agarose 농도에 의해 달라진다. 동일한 분자 크기일 경우, agarose 농도가 높아 그물망이 촘촘할 경우 분자의 통과속도는 느려지며, agarose 농도가 낮아 그물망이 촘촘하지 않으면 분사의 통과속노가 빨라진다.

② TAE 버퍼, TBE 버퍼 : 전기영동에서 전류를 흘려 DNA 또는 RNA 분자를 이동시키고 분자의 안정성 향상을 위해 사용된다. 표 5-1을 통해 각 버퍼의 조성과 역할을 확인할 수 있다.[3]

표 5-1   TAE 버퍼, TBE 버퍼의 조성과 역할

완충용액	조성	역할
TAE 버퍼	Tris	양이온을 공급하여 (−)전하를 띠는 DNA를 끌어준다.
	Acetate	Tris의 pH가 높아 DNA가 해리될 수 있어 pH를 낮추기 위해 사용된다.
	EDTA	DNase에 의한 DNA 분해를 방지하고 DNA의 (−)전하 유지에 도움을 준다.
TBE 버퍼	Tris	양이온을 공급하여 (−)전하를 띠는 DNA를 끌어준다.
	Borate	Tris의 pH가 높아 DNA가 해리될 수 있어 pH를 낮추기 위해 사용된다.
	EDTA	DNase에 의한 DNA 분해를 방지하고 DNA의 (−)전하 유지에 도움을 준다.

③ DNA 염색 시약 : DNA 나선의 염기 사이에 들어가 결합하며 UV에 노출되면 가시광선을 방출하여 DNA를 밴드 형태로 확인할 수 있게 한다. Ethidium Bromide(EtBr) 시약이 대표적으로 사용된다.

④ DNA 로딩 시약 : Gel에서 시각적으로 밴드를 볼 수 있게 염색하는 시약이다. 전기영동 중 DNA 밴드의 이동 정도를 확인할 수 있다. 표 5-2에서 시약의 조성과 역할을 확인할 수 있다.[4]

표 5-2 DNA 로딩 시약의 조성과 역할

조성	역할
Bromophenol Blue(BPB)	(−)전하를 띠며 1% 겔에서 500 bp DNA와 비슷한 속도로 이동한다.
Xylene cyanol FF	(−)전하를 띠며 1% 겔에서 4 kb DNA와 비슷한 속도로 이동한다.
Glycerol	고분자 물질로, DNA를 홈에서 넣은 후 뜨지 않고 가라앉게 한다.

⑤ DNA ladder : 전기영동 후 원하는 DNA 조각의 크기를 확인하기 위해 사용된다.

시약 및 기구

(1) 시약

Agarose, TAE 버퍼, DNA 염색 시약, DNA ladder, DNA 샘플

(2) 기구

마이크로피펫, 겔 제작판(gel tank), Comb, 전기영동장치, UV 장치

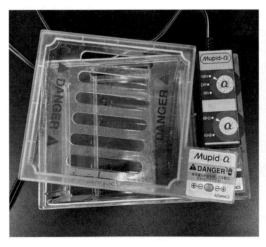

그림 5-4 전기영동장치

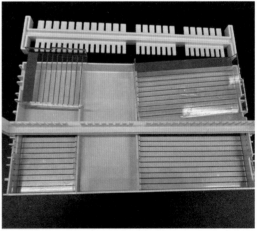

그림 5-5 겔 제작판과 Comb

(a)   (b)

그림 5-6   (a) UV 장치와 (b) UV판에서 확인한 DNA 밴드

실험 방법

❶ 확인하고자 하는 크기에 맞는 agarose gel 농도(1%)*를 선택한다.

*예시 : 0.5% agarose gel - 1~30 kb, 1% agarose gel - 0.5~10 kb, 2% agarose gel - 0.1~2 kb

❷ 비커에 1 g agarose 가루를 100 mL 1xTAE 버퍼와 섞어준다.

❸ 전자레인지에서 agarose 가루가 녹을 때까지 끓인 후, 용액이 식을 수 있도록 실온에서 5~10분 간 기다린다.

❹ DNA 염색 시약(10,000×)을 1× 비율로 agarose 용액에 혼합한다.

❺ 조립된 gel 제작판에 agarose 용액을 붓고, comb을 끼운 뒤 30분간 굳힌다.

❻ Comb을 제거한 후, 겔 제작판을 TAE 버퍼가 담긴 전기영동장치에 넣는다.

❼ Agarose gel 홈에 DNA 샘플과 DNA ladder를 넣는다.

❽ 전기영동장치의 뚜껑을 닫고, 전원에 연결하여 전기영동을 시작하고 전류를 흘려 보낸다.

❾ 20~30분 정도 전기영동을 한 후, UV 장치에 gel을 올려 DNA 밴드를 확인한다.

참고문헌

1   https://www.tokyofoundation.org/research/detail.php?id=237

2   Robert F. Weaver 저, 최준호 역(2012). Molecular Biology, 5th Edition. McGraw Hill

3   https://blog.naver.com/jeiotech_com/222133305514

4   http://www.dynebio.co.kr/yc/bbs/board.php?bo_table=data1&wr_id=5&sst=wr_
    datetime&sod=asc&sop=and&page=1

실험조		학번		작성자	
실험 일자		제출 일자		담당 조교	

실험조		학번		작성자	
실험 일자		제출 일자		담당 조교	

실험조		학번		작성자	
실험 일자		제출 일자		담당 조교	

실험조		학번		작성자	
실험 일자		제출 일자		담당 조교	

| 실험조 | | 학번 | | 작성자 | |

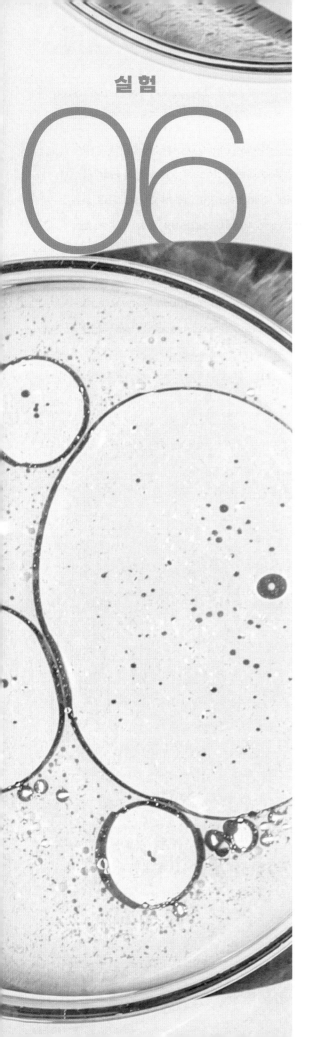

세포 분획법

학습목표

• 세포 분획법을 통해 세포질과 핵을 분리하는 실험 과정을
습득하고, 분획된 세포질과 핵에 존재하는 단백질을 생화
학적으로 분석할 수 있다.

원리

세포는 핵, 세포질, 미토콘드리아, 리보솜 등 다양한 세포 소기관으로 구성된다. 세포의 기능을 이해하기 위해서는 각 세포 소기관에 위치하는 단백질에 대한 생화학적 분석이 필수적이다. 세포 분획법은 세포를 구성하는 다양한 세포 소기관을 분리하는 실험 방법이며 세포 분획법을 통해 각 세포 소기관을 분리하여 그 기능과 특성을 연구할 수 있다.

(1) 세포 분획법의 원리

세포 소기관은 각각 크기와 밀도가 달라서 원심분리 조건(10,000G~150,000G)에 따라 다르게 침전될 수 있다. 핵과 같이 무거운 세포 소기관은 빨리 침전되고, 상대적으로 작고 가벼운 소기관은 천천히 침전된다. 또한 밀도 구배를 형성하는 sucrose 등을 사용해서도 세포 소기관을 분리할 수 있다.

본 실험에서는 저장액 버퍼를 사용하여 핵막은 남겨둔 채, 우선적으로 세포막을 파괴하여 원심분리를 통해서 핵은 침전시켜서 상층액에는 세포질 내의 소기관이 남아 있게 한다. 이후에 SDS가 포함된 세포 용해 버퍼로 핵막을 용해하여 핵 내의 단백질을 분리한다.

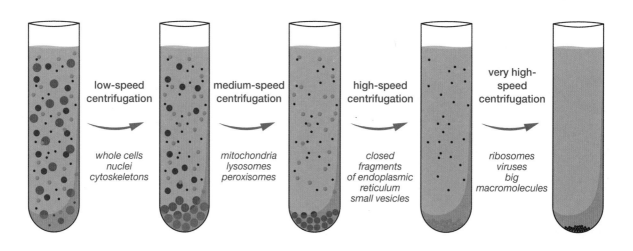

그림 6-1 원심분리를 통한 세포 분획법

(2) 세포 소기관의 생화학적 분석

세포 소기관에서 분리한 단백질 시료에서 Western blot을 통해 대표적으로 발현되는 단백질을 확인하여 원하는 소기관이 잘 분획되었는지 확인할 수 있다. 핵 단백질의 예로는 핵막을 구성하는 lamin A/C 단백질이 있고, 세포질 단백질의 예로는 세포골격을 구성하는 α-tubulin 단백질이 있다.

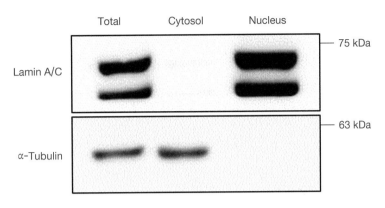

그림 6-2   핵과 세포질 발현 단백질 확인

시약 및 기구

(1) 시약

저장액 버퍼[10 mM HEPES(pH 7.9), 10 mM KCl, 0.1 mM EDTA, 0.1 mM EGTA, 0.5 mM DTT], RIPA 버퍼[50 mM Tris-HCl(pH 8.0), 150 mM NaCl, 1% NP-40, 0.5% sodium deoxycholate, 0.1% sodium dodecyl sulfate], 10% NP-40, Protease inhibitor cocktail, Phosphate-buffered saline(PBS), SDS sampling buffer, SDS-PAGE gel, Running buffer, Transfer buffer, Nitrocellulose membrane or polyvinylidene difluoride(PVDF) membrane, TBST buffer(20 mM Tris, 150 mM NaCl, 0.1% Tween 20), Blocking solution(5% nonfat dry milk in TBST buffer), Tubulin antibody, Lamin A/C antibody, ECL solution

(2) 기구

냉장 원심분리기, 1.5 mL tube, 전기영동장치, Transfer 장치, Chemiluminescence imaging system

실험 방법[1, 2]

(1) 세포질 분리

❶ 실험에 사용할 세포를 배양 접시에서 떼어 모은 뒤, PBS로 wash하고, 원심분리(3,000 rpm,

4℃, 5분)한 뒤에 세포 펠릿만 남기고 상층액을 제거한다.

❷ 저장액 버퍼와 RIPA 버퍼에 protease inhibitor cocktail을 섞어서 준비한다.

❸ 세포에 저장액 버퍼를 넣고, 균질하게 섞은 뒤에 얼음 위에서 10분간 방치한다.

❹ NP-40을 3% 농도가 되도록 넣은 뒤에 vortex하고, 원심분리한다(13,000 rpm, 4℃, 1분).

❺ 상층액을 분리하여 새로운 tube에 담는다(세포질 단백질).

(2) 핵 단백질 용해

❶ 세포질을 분리하고 남은 펠릿에 저장액 버퍼를 넣고 균질하게 섞은 뒤에 원심분리하여 남아 있는 세포질을 wash하여 제거한다(1~2회 반복).

❷ 펠릿에 RIPA 버퍼를 넣고 균질하게 섞은 뒤에 강하게 vortex하고, 얼음 위에서 30분간 방치한다.

❸ 원심분리(14,000 g, 4℃, 30분)하고, 상층액을 새로운 tube에 담는다(핵 단백질).

(3) 핵과 세포질의 마커 단백질 확인

❶ 세포질과 핵 단백질 시료에서 단백질을 정량하여 전기영동을 위한 SDS sampling buffer와 섞고, 95℃에서 5분간 incubation한다.

❷ SDS-PAGE gel에 단백질 시료를 running하고 PVDF membrane에 transfer를 진행한 뒤에 핵 단백질과 세포질 단백질에 해당하는 antibody와 incubation하여 단백질을 검출한다. 각 샘플에서 핵에 있는 단백질(예 : lamin A/C)과 세포질에 있는 단백질(예 : α-tubulin)의 양을 확인한다. 각 소기관에서 특이적으로 발현되는 단백질을 확인함으로써 핵과 세포질 샘플의 분획의 정확도를 확인할 수 있다.

참고문헌

1 Bruce Alberts 외(2002). Molecular Biology of the Cell, 4th edition. Garland Science

2 STAR Protoc. 2023 May 17;4(2) : 102309

실험조		학번		작성자	
실험 일자		제출 일자		담당 조교	

실험조		학번		작성자	
실험 일자		제출 일자		담당 조교	

실험조		학번		작성자	
실험 일자		제출 일자		담당 조교	

실험조		학번		작성자	
실험 일자		제출 일자		담당 조교	

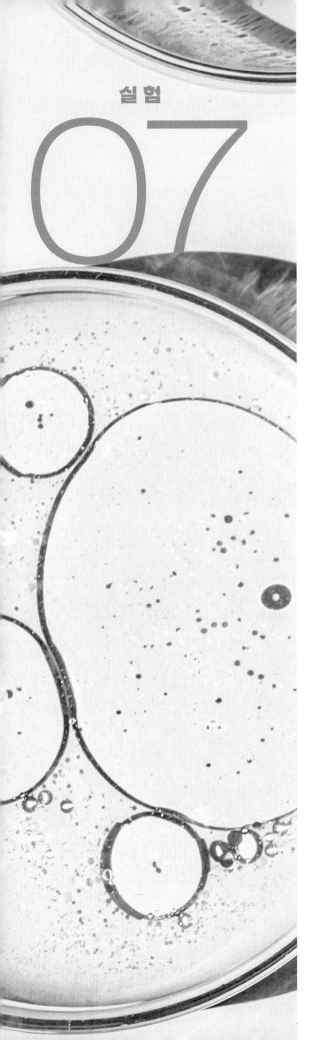

07

단백질 정량

학습목표

- 다양한 단백질 정량법을 이해한다.

- 단백질 정량을 통해 미지 시료의 단백질 농도를 측정한다.

원리

(1) 단백질 정량

단백질 정량은 미지 시료 내에 포함된 단백질의 농도를 알아내는 과정으로 단백질의 정확한 양을 구하여 원하는 실험을 하기 위한 필수적인 과정이다. 단백질을 정량하는 방법에는 여러 가지가 존재하며 단백질의 종류, 특성, 구조 등에 따라 적합한 정량 방법을 선택해야 한다. 단백질 정량 방법으로는 크게 Electrophoresis, Colormetric 방법이 존재하며 세부적으로는 UV 흡광법, Biuret assay, Lowry assay, BCA assay, Bradford assay 등이 존재한다. 이는 각각 장단점이 존재하며 적합한 방법을 선택하여 실험을 진행한다.

(2) BCA assay

BCA assay는 구리 이온의 환원성 성질을 이용하여 뷰렛 반응의 원리를 이용한 assay로 2단계의 방법을 통해 이루어진다.

- 첫 번째, 알칼리성 용액 내의 정량하려는 단백질의 펩타이드 결합이 Cu^{2+}을 Cu^{1+}로 환원시켜준다. 단백질의 양에 따라 환원된 Cu^{1+}도 비례하게 변한다.
- 두 번째, 환원된 Cu^{1+}는 Bicinchoninic Acid(BCA) 분자 2개와 배위 결합하여 파랑과 보라색을 띠게 되고 이 화합물은 562 nm에서 측정할 수 있다.

BCA assay의 장점으로는 단백질 내의 펩타이드 결합이 구리 이온의 환원성 성질을 이용하므로 단백질 간 차이가 크지 않아 넓은 범위에서 정량이 가능하다는 점이다. 또한 단백질이 detergent의 영향을 크게 받지 않으며 반응하는 생성물이 비교적 안정적이라는 장점을 갖고 있다. 반면에 다른 정량법에 비하여 시간이 소요되고, 구리 이온의 환원에 영향을 미치는 물질의 정량일 경우 실험 진행이 불가능하다는 단점을 가지고 있다.

(3) Bradford assay

Bradford assay는 Coomassie brilliant blue G-250인 염색약과 단백질의 아미노산 잔기들과의 결합력을 이용한 흡광도 차이 비교를 통하여 정량하는 방법이다. Coomassie brilliant blue G-250은 단백질과 결합하기 전의 흡광도 465 nm, 붉은색 형태에서 단백질과 결합하게 되면 흡광도 595 nm, 푸른색 형태로 변하게 된다. 흡광도 465 nm에서의 Coomassie brilliant blue G-250은 산성 조건에서 붉은색 형태로 있다가 단백질의 아미노산 잔기와 결합하게 되면 푸른색 형태로 변한다. 푸른색의 농도가 진할수록 단백질의 양이 많다는 것을 의미한다. Bradford assay의 장점으로는 정량법에서 가장 속도가 빠르며, 모든 과정을 상온에서 진행할 수 있다는 점이다. 반면, detergent의 영향을 많이 받기 때문에 반응하는 생성물이 존재할 경우 정확한 측정이 불가능하고, 단백질 농도 측정에 한계가 있어 시료 희석이 필요하다.

(4) Lowry assay

Lowry assay는 BCA assay와 유사하게 구리 이온의 환원성 성질을 이용하여 뷰렛 반응의 원리를 이용한 assay로 2단계의 방법을 통해 이루어진다.

- 첫 번째, 알칼리성 용액 내의 정량하려는 단백질의 펩타이드 결합이 Cu^{2+}와 complex를 형성하고 Cu^{1+}로 환원시켜 준다.
- 두 번째, 환원된 Cu^{1+}은 Folin-Ciocalteu regeant와 반응하여 heteropolybdenum blue로 환원되어 진한 푸른색을 띠게 되고 이는 흡광도 650~750 nm에서 측정할 수 있다.

Lowry assay의 장점으로는 정확도가 높고, 농도 측정 범위가 넓으며, 단백질 간 차이에 따른 편차가 적다는 점이다. 반면, Folin-Ciocalteu 반응에서 tyrosine, tryptophan, cysteine에 의해 환원 과정이 일어나므로 단백질 조성의 제한이 존재하고, 반응하는 속도가 다른 정량법 대비 느리고, detergent가 크게 영향을 미쳐 반응을 방해할 수 있으며, 단백질이 비가역적으로 변성될 수 있다.

(5) Standard curve

Standard curve는 BSA와 같은 standard sample을 이용하여 농도별로 standard curve를 그리고, X축은 단백질 농도, Y축은 흡광도로 설정하여 곡선을 통해 상대적인 수치를 비교하여 미지 시료 단백질의 농도를 측정할 수 있다. Standard curve 결과의 R^2 값이 1에 수렴할수록 이상적인 결과를 도출해 낼 수 있다. Standard curve를 그린 후 나오는 방정식에 측정된 흡광도를 대입하여 농도 값을 도출한다.

시약 및 기구

(1) 시약

BSA solution 2 mg/mL BCA reagent A&B, Coomassie brilliant blue G-250, H_2O, Lowry reagent, Folin-Ciocalteu reagent

(2) 기구

96-well plate, Spectrophotometer

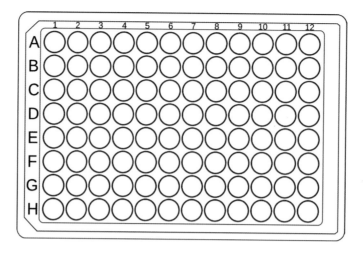

그림 7-1   96-well plate

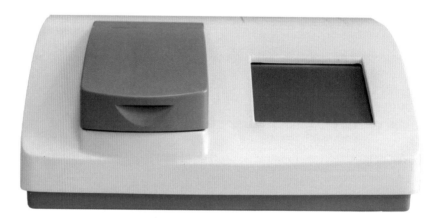

그림 7-2   Spectrophotometer

실험 방법

(1) BCA assay

❶ Standard curve 작성을 위해 96-well에 BSA solution 2 mg/mL를 0 μg, 2 μg, 4 μg, 8 μg, 16 μg로 분주한다.

❷ Sample을 96-well에 분주한다.

❸ BCA reagent A와 reagent B를 50 : 1로 제조한다.

❹ 제조한 BCA working solution을 BCA standard 용액과 sample 용액에 200 μL씩 분주한다.

❺ 37℃에서 30분간 incubation을 진행한다.

❻ Spectrophotometer를 사용하여 흡광도 562 nm에서 측정한다.

❼ Standard curve의 결괏값에 따른 방정식을 사용하여 sample(미지 시료) 단백질의 농도를 계산한다.

(2) Bradford assay

❶ Standard curve 작성을 위해 96-well에 BSA solution 2 mg/mL를 0 µg, 2 µg, 4 µg, 8 µg, 16 µg로 분주한다.

❷ Sample을 96-well에 분주한다.

❸ Coomassie brilliant blue G-250을 BCA standard 용액과 sample 용액에 200 µL씩 분주한다.

❹ Spectrophotometer를 사용하여 흡광도 595 nm에서 측정한다.

❺ Standard curve의 결괏값에 따른 방정식을 사용하여 sample(미지 시료) 단백질의 농도를 계산한다.

(3) Lowry assay

❶ Standard curve 작성을 위해 96-well에 BSA solution 2 mg/mL를 0 µg, 2 µg, 4 µg, 8 µg, 16 µg로 분주한다.

❷ Sample에 Lowry reagent를 첨가한 후 37℃에서 10분간 incubation을 진행한다.

❸ Incubation한 sample을 96-well에 분주한다.

❹ Folin-Ciocalteu reagent을 BCA standard 용액과 sample 용액에 200 µL씩 분주한다.

❺ 37℃에서 30분간 incubation을 진행한다.

❻ Spectrophotometer를 사용하여 흡광도 750 nm에서 측정한다.

❼ Standard curve의 결괏값에 따른 방정식을 사용하여 sample(미지 시료) 단백질의 농도를 계산한다.

참고문헌

1   Michael R. Green, Joseph Sambrook (2012). Molecular Cloning : A Laboratory Manual, 4th Edition. Cold Spring Harbor : Cold Spring Harbor Laboratory Press

2   https://www.abcam.com/help/how-do-i-determine-protein-concentration

3   https://www.thermofisher.com/kr/ko/home/life-science/protein-biology/protein-

assays-analysis/protein-assays/bradford-assays.html

4   https://www.thermofisher.com/kr/en/home/life-science/protein-biology/protein-assays-analysis/protein-assays/bca-protein-assays.html?SID=fr-prot-assays-3

5   https://www.bio-rad.com/ko-kr/feature/bradford-protein-assay.html

실험조		학번		작성자	
실험 일자		제출 일자		담당 조교	

실험조		학번		작성자	
실험 일자		제출 일자		담당 조교	

실험조		학번		작성자	
실험 일자		제출 일자		담당 조교	

실험조		학번		작성자	
실험 일자		제출 일자		담당 조교	

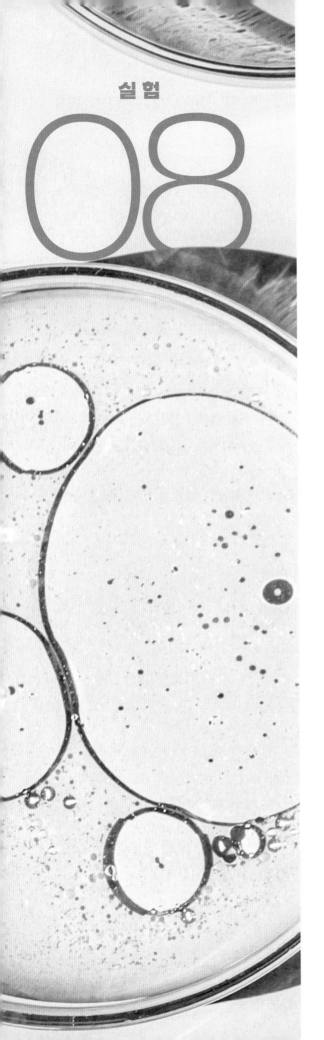

08

SDS-PAGE

학습목표

• Electrophoresis의 원리를 이해하고 SDS-PAGE를 통해
  단백질을 분리하여 분석한다.

원리

(1) 단백질 전기영동

겔 전기영동은 단백질, DNA, RNA 등의 molecules를 반대 전하 쪽으로 이동하게 하여 크기나 모양, 전하에 따라서 분리하는 방법으로, 단백질을 전기영동하여 분리·분석하는 방법을 protein electrophoresis라고 한다. DNA 같은 경우는 agarose gel을 사용하지만, protein 같은 경우 polyacrylamide gel을 사용한다. Polyacrylamide gel은 agarose gel에 비해 더 촘촘한 구조를 가지고 있어 DNA보다 크기가 작은 protein을 쉽게 분리해 낼 수 있는 장점을 가지고 있다.

(2) PAGE

PAGE란 polyacrylamide gel electrophoresis의 줄임말로 polyacrylamide gel을 사용하는 전기영동을 말한다. Gel 내부에서 일정한 크기의 구멍을 통해 여러 분자를 이동시킬 수 있다. Polyacrylamide gel은 acrylamide를 가교제로 중합하여 polymer 형태로 만든 것으로, 가교제로는 N, N′-methylene-bis-acrylamide가 사용되어 중합반응이 일어난다. Acrylamide의 중합반응은 ammonium persulfate인 APS에 의해 일어날 수 있으며 이를 촉매시키는 촉매제로는 TEMED (Tetramethylethylenediamine)가 사용되어 자유 라디칼 생성을 유도한다.

(3) SDS-PAGE

Sodium dodecyl sulphate-polyacrylamide gel electrophoresis의 줄임말로 polyacrylamide gel을 이용하는 방식으로 2개의 gel의 pH 차이로 단백질을 분리하는 원리를 가지고 있다. SDS-PAGE에서 SDS는 음이온성 세제인 sodium dodecyl sulfate(SDS)로 amphipathic 성질을 가지고 있는 detergent인데, protein을 이루고 있는 아미노산 2개에 SDS가 결합하여 protein의 전하를 모두 (−)전하를 가지게 하여 결국 분리 과정에서 전하의 영향을 받지 않도록 해준다. SDS-PAGE는 시료를 loading하기 전에 β-mercaptoethanol 또는 DTT, SDS를 넣고 가열하여 변성시켜 준다. 변성을 통해 disulfide bond는 끊어지게 되고 모두 선형의 polypeptide chain 형태를 가지도록 만들어주게 되는데 위와 같은 방법은 reducing 방법이고, β-mercaptoethanol이나 DTT를 넣지 않고 가열하지 않는 상태에서 protein의 3차 구조를 유지하는 naive한 protein을 분리해 내는 방법은 non-reducing 방법이라 부른다.

(4) Stacking gel

SDS running buffer에 첨가된 glycine의 pI는 6.2이며 낮은 pH에서 (+)전하, 높은 pH에서는 (−)

전하를 가지게 된다. 여기서 stacking gel의 pH는 6.8로 glycine은 약한 (−)전하를 가지게 된다. 그리고 glycine, 단백질, Cl⁻ 모두 (−)전하를 띠어 전기영동에서 (+)극으로 이동하게 된다. 이동속도 면에서 보자면 Cl⁻는 항상 음이온이며 분자량이 아주 작아 가장 빨리 이동한다. 그리고 glycine은 stacking gel에서 거의 중성에 가까운 (−)전하를 가져 느린 속도로 이동하게 된다. 그로 인해 Cl⁻과 glycine 간의 이동속도에 차이가 생기게 되어 두 이온 간 거리는 증가하고 stacking gel 내 전하 분포가 양쪽으로 치우치고 Cl⁻, glycine 사이에 높은 전위차(high voltage gradient)가 생기게 된다. 그 사이에 있는 protein은 높아진 전위차로 속도도 빨라지고 이 작용으로 glycine도 빨라져 protein 을 뒤에서 계속 눌러 대부분 protein이 분자량 차이에 의한 이동속도 차이가 없어지고 acrylamide 농도가 running gel보다 낮아 단백질이 거의 같은 속도로 일직선상으로 움직이게 된다. Running gel에 들어가기 전 같은 출발선상에 놓이게 된다.

(5) Running gel

Running gel은 pH 8.8로 running gel에서는 glycine이 완전히 이온화되어 (−)전하를 가져 빠른 속도로 (+)극으로 이동하게 된다. 그러면 Cl⁻와 glycine 사이의 high voltage gradient가 사라지고 이동속도는 Cl⁻ 〉 glycine 〉 protein 순으로 이동하게 된다. 그로 인해 protein의 이동은 분자량에 의해서만 영향을 받아 분리되게 되고 분자량이 작은 protein일수록 빠르게 이동하게 된다. Running gel에서 acrylamide의 농도는 stacking gel에서의 농도보다 높아 protein들의 이동속도에 차이가 생긴다. Acrylamide의 농도에 따라 protein 이동속도는 조절이 가능한데 단백질 분자량이 큰 경우 농도를 낮춰 빠르게 이동하고 분자량이 작은 경우 농도를 높여 단백질 이동속도를 낮출 수 있다.

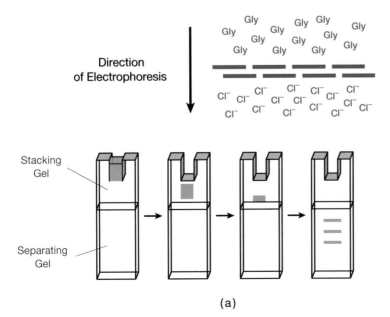

(a)

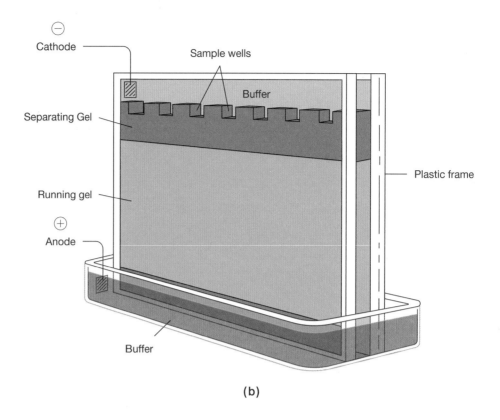

그림 8-1 Stacking gel and Running gel

시약 및 기구

(1) 시약

H$_2$O, 30% acrylamide mix, 1.5 M Tris(pH 8.8), 10% SDS, 10% ammonium persulfate, TEMED, 1.0 M Tris(pH 6.8), Coomassie brilliant blue staining, Isopropanol, Coomassie gel destaining solution, Protein size marker, 2X sample buffer, SDS gel loading buffer(25 mM Tris, 192 nM glycine, 0.1% SDS, H$_2$O/pH 8.3), 70% ethanol

(2) 기구

Glass, Comb, Gel caster, 전기영동장치, 전기영동탱크, 전원공급기, 플라스틱트레이

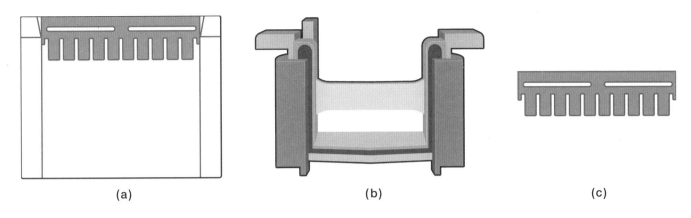

그림 8-2   (a) Glass, (b) Gel caster, (c) Comb

실험 방법

(1) Gel 준비

❶ Glass, comb 등을 70% ethanol을 이용하여 세척한다.

❷ Glass를 caster에 조립한다.

(2) Running gel 제작

❶ Gel 조성표에 따라 H$_2$O, 30% acrylamide mix, 1.5 M Tris(pH 8.8), 10% SDS, 10% ammonium persulfate, TEMED를 conical tube에 넣고 섞어준다(약 1 gel당 10 mL).

❷ 조립된 glass 사이에 running gel 용액을 넣어준다.

❸ 약 1 mL의 isopropanol을 running gel 용액 위에 넣어준다.

❹ 약 20~30분 정도 gel이 굳도록 기다린다.

❺ Gel이 굳으면 isopropanol을 제거한다.

표 8-1 Running gel 조성표

Components	5 mL	10 mL	15 mL	20 mL	25 mL	30 mL	40 mL	50 mL
6% gel								
H_2O	2.6	5.3	7.9	10.6	13.2	15.9	21.2	26.5
Acrylamide mix (30%)	1.0	2.0	3.0	4.0	5.0	6.0	8.0	10.0
1.5 M Tris (pH 8.8)	1.3	2.5	3.8	5.0	6.3	7.5	10.0	12.5
10% SDS	0.05	0.1	0.15	0.2	0.25	0.3	0.4	0.5
10% Ammonium persulfate	0.05	0.1	0.15	0.2	0.25	0.3	0.4	0.5
TEMED	0.004	0.008	0.012	0.016	0.02	0.024	0.032	0.04
8% gel								
H_2O	2.3	4.6	6.9	9.3	11.5	13.9	18.5	23.2
30% Acrylamide mix	1.3	2.7	4.0	5.3	6.7	8.0	10.7	13.3
1.5 M Tris (pH 8.8)	1.3	2.5	3.8	5.0	6.3	7.5	10.0	12.5
10% SDS	0.05	0.1	0.15	0.2	0.25	0.3	0.4	0.5
10% Ammonium persulfate	0.05	0.1	0.15	0.2	0.25	0.3	0.4	0.5
TEMED	0.003	0.006	0.009	0.012	0.015	0.018	0.024	0.003
10% gel								
H_2O	1.9	4.0	5.9	7.9	9.9	11.9	15.9	19.8
30% Acrylamide mix	1.7	3.3	5.0	6.7	8.3	10.0	13.3	16.7
1.5 M Tris (pH 8.8)	1.3	2.5	3.8	5.0	6.3	7.5	10.0	12.5
10% SDS	0.05	0.1	0.15	0.2	0.25	0.3	0.4	0.5
10% Ammonium persulfate	0.05	0.1	0.15	0.2	0.25	0.3	0.4	0.5
TEMED	0.002	0.004	0.006	0.008	0.01	0.012	0.016	0.02
12% gel								
H_2O	1.6	3.3	4.9	6.6	8.2	9.9	13.2	16.5
30% Acrylamide mix	2.0	4.0	6.0	8.0	10.0	12.0	16.0	20.0
1.5 M Tris (pH 8.8)	1.3	2.5	3.8	5.0	6.3	7.5	10.0	12.5
10% SDS	0.05	0.1	0.15	0.2	0.25	0.3	0.4	0.5
10% Ammonium persulfate	0.05	0.1	0.15	0.2	0.25	0.3	0.4	0.5
TEMED	0.002	0.004	0.006	0.008	0.01	0.012	0.016	0.02
15% gel								
H_2O	1.1	2.3	3.4	4.6	5.7	6.9	9.2	11.5
30% Acrylamide mix	2.5	5.0	7.5	10.0	12.5	15.0	20.0	25.0
1.5 M Tris (pH 8.8)	1.3	2.5	3.8	5.0	6.3	7.5	10.0	12.5
10% SDS	0.05	0.1	0.15	0.2	0.25	0.3	0.4	0.5
10% Ammonium persulfate	0.05	0.1	0.15	0.2	0.25	0.3	0.4	0.5
TEMED	0.002	0.004	0.006	0.008	0.01	0.012	0.016	0.02

(3) Stacking gel 제작

❶ Gel 조성표에 따라 H$_2$O, 30% acrylamide mix, 1.0 M Tris(pH 6.8), 10% SDS, 10% ammonium persulfate, TEMED를 conical tube에 넣고 섞어준다(약 1 gel당 2 mL).

❷ Running gel 용액 위에 제작한 stacking gel 용액을 넣어준다.

❸ Comb를 꽂는다.

❹ 약 10~20분 정도 gel이 굳도록 기다린다.

❺ Gel이 굳으면 comb를 제거한다.

표 8-2 Stacking gel 조성표

Components	1 mL	2 mL	3 mL	4 mL	5 mL	6 mL	8 mL	10 mL
H$_2$O	0.68	1.4	2.1	2.7	3.4	4.1	5.5	6.8
30% Acrylamide mix	0.17	0.33	0.5	0.67	0.83	1.0	1.3	1.7
1.0 M Tris (pH 6.8)	0.13	0.25	0.38	0.5	0.63	0.75	1.0	1.25
10% SDS	0.01	0.02	0.03	0.04	0.05	0.06	0.08	0.1
10% Ammonium persulfate	0.01	0.02	0.03	0.04	0.05	0.06	0.08	0.1
TEMED	0.001	0.002	0.003	0.004	0.005	0.006	0.008	0.01

(4) 전기영동

❶ 준비된 gel을 전기영동장치에 결합한다.

❷ SDS running buffer를 전기영동장치 용기 탱크 4-gel까지 채운다.

❸ 준비된 sample을 loading한다(size marker 포함).

❹ 전기영동장치를 전원공급기의 (+)극과 (−)극에 맞춰서 연결한다.

❺ 60 V로 설정하고 전기영동을 시작한다.

❻ Running gel에 도달한 후 120 V로 전기영동을 진행한다.

❼ Sample이 아래 바닥까지 도달하면 전기영동 전원을 내리고 gel을 분리한다.

그림 8-3　Sample loading

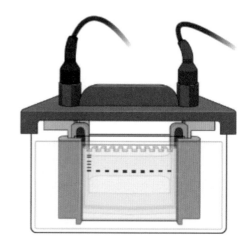

그림 8-4　SDS-PAGE

(5) 단백질 검출

❶ Gel을 염색하기 위해 Coomassie brilliant blue staining 용액을 플라스틱에 담는다.

❷ 분리한 gel을 Coomassie brilliant blue staining 용액이 담겨 있는 플라스틱에 넣는다.

❸ Shaker에 1~2시간 정도 올려놓고 염색한다.

❹ 염색 후 staining 용액을 제거하고 Coomassie gel destaining solution을 넣어준다.

❺ Coomassie gel destaining solution을 계속 교체해 주면서 protein band를 제외하고 탈색한다.

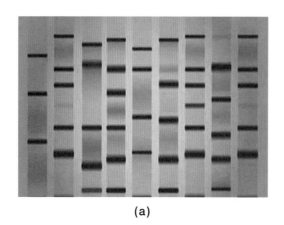

(a)　　　　　　　　　　　　　　　　　(b)

그림 8-5　Gel staining

참고문헌

1   Bollag D.M., Rozycki M.D., Edelstein S.J. (1996). Protein methods, 2nd ed. New York : Wiley-Liss, Inc.

2   Michael R. Green, Joseph Sambrook (2012). Molecular Cloning : A Laboratory Manual, 4th Edition. Cold Spring Harbor : Cold Spring Harbor Laboratory Press

3   https://www.bio-rad.com/ko-kr/applications-technologies/sds-page-analysis?ID=LW7FGX4VY

4   https://www.sigmaaldrich.com/KR/ko/technical-documents/protocol/protein-biology/gel-electrophoresis/sds-page

5   https://www.attokorea.co.kr/basic-operation-of-sds-page/

실험조		학번		작성자	
실험 일자		제출 일자		담당 조교	

실험조		학번		작성자	
실험 일자		제출 일자		담당 조교	

실험조		학번		작성자	
실험 일자		제출 일자		담당 조교	

실험조		학번		작성자	
실험 일자		제출 일자		담당 조교	

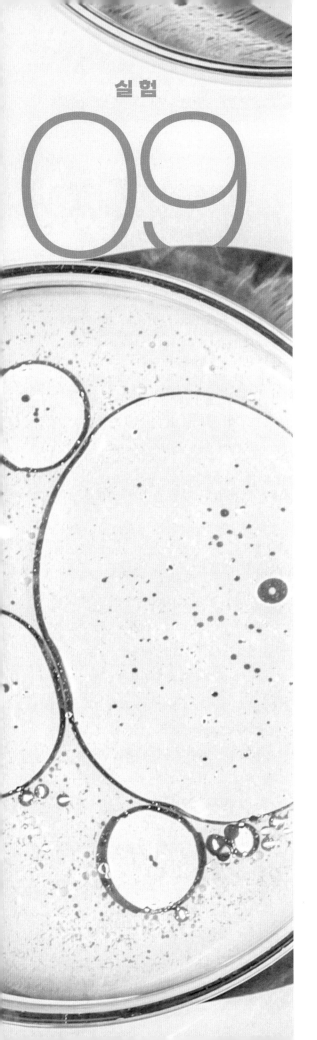

Western blot

학습목표

- Western blot의 원리를 이해한다.
- Target protein(antigen)을 검출해 낼 수 있다.

원리

(1) 항원항체반응

항원과 항체 간에 특이적 결합을 하여 상호작용하는 반응을 항원항체반응이라고 부른다. 먼저 항체란 우리 몸이 가지고 있는 면역체계에 의해 백혈구의 일종인 B cell에서 생성된다. 이런 항체는 면역반응에 관여하므로 면역글로불린(immunoglobulin)이라고 불린다. 항체의 기본구조는 Y자형으로, 각각 경사슬 2개와 중사슬 2개가 이황화 결합을 하여 이루어져 있다. 다음은 항원으로 면역반응을 일으켜 항체를 생성하는데 이러한 항체를 생성하도록 야기하는 외래 물질을 항원이라 부른다. 항원에는 다양한 물질이 포함되는데 단백질, 다당류, 핵산, 인공적으로 합성된 물질, 부착소, 자신의 몸속에서 작용하는 변이세포 등 여러 다양한 고분자 화합물들이 항원으로 작용할 수 있다. 항체와 항원은 매우 특이적으로 결합하는데, 각 항체에는 특정 항원만 결합할 수 있으며 특정 구조인 epitope의 항원 결정기에 의해 특정 항원과 결합한다. 이런 항원 결정기는 항체의 paratope에 의해 인지되어 결합하게 된다. 항원과 항체 간 결합은 Van der Waals force, hydrogen bond, 정전기 상호작용, 비공유결합 등을 통해 이루어진다.

(2) Transfer

Gel상의 분리된 단백질은 antibody와 결합할 수 없어 gel의 단백질들을 특정 membrane으로 이동시켜 antibody와 결합할 수 있게 해주는데 이 과정을 transfer라고 한다. Membrane에는 크게 nitrocellulose, nylon, PVDF(polyvinylidene difluoride) membrane이 존재한다. Nitrocellulose membrane은 비교적 가격이 저렴하고 민감도가 낮아 background가 깨끗하다는 장점을 가지고 있지만, 단백질 결합력이 상대적으로 약하고 재질이 약해서 보관 기간이 짧다는 단점을 가지고 있다. 다음으로 nylon membrane은 nitrocellulose membrane보다는 단백질 결합력이 상대적으로 강하지만 민감도는 높아 background가 지저분하여 원하는 단백질의 detection이 어렵다. 마지막으로 PVDF(polyvinylidene difluoride) membrane은 상대적으로 단백질과 결합력이 강하고, 적은 양의 단백질도 검출해 낼 수 있지만, 상대적으로 가격이 비싸다는 단점을 가지고 있다.

(3) Blocking

Blocking 과정은 특정 단백질만이 membrane에 결합할 수 있고 다른 비특이적인 결합을 줄이기 위해 필요한 과정이다. Blocking solution은 주로 BSA나 skim milk를 TBS-T(Tween 20 or Triton X-100) 용액에 녹여 사용하게 된다.

(4) Antibody and Detection

검출하고자 하는 protein의 발현을 확인하고자 특정 동물에게서 추출하여 얻어질 수 있는 primary antibody를 결합한다. 다음 primary antibody와 결합할 수 있는 특정 동물의 secondary antibody를 결합한다. Secondary antibody는 HRP(horseradish peroxidase)와 결합되어 있어 detection 과정에서 ECL solution에 포함되어 있는 luminol 같은 substrate를 산화시켜 이때 방출되는 빛 에너지를 기계가 검출하여 내가 원하는 protein band를 관찰할 수 있게 된다.

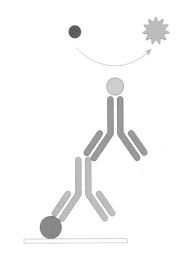

그림 9-1   Western blot reaction

시약 및 기구

(1) 시약

Transfer buffer(25 mM Tris, 192 mM glycine, 20% methanol, pH 8.3), Ponceau S staining solution, Blocking solution(3% skim milk in TBS-T), TBS-T, H_2O, Primary antibody, Secondary antibody, ECL solution

(2) 기구

Transfer 카세트, 스펀지, 플라스틱트레이, Transfer 장치, 3M filter paper, PVDF membrane, Blotting roller, ICE pack, 전원공급기, Transfer 탱크, Shaker, Chemidoc

그림 9-2 전원공급기

그림 9-3 Transfer 장치

그림 9-4 Chemidoc

실험 방법

(1) Transfer

❶ SDS-PAGE에서 전기영동이 끝나게 되면 gel을 분리한다.

❷ Gel의 stacking gel 부분은 잘라 제거한다.

❸ Transfer 카세트의 검은색 부분 → 스펀지 → 3M filter paper → gel → PVDF membrane → 3M filter paper → 스펀지 → transfer 카세트의 흰색 부분 순으로 얹어 카세트를 장착한다.

❹ Gel 쪽에 위치한 카세트의 검은색 부분은 (−)극, membrane 쪽에 위치한 카세트의 흰색 부분은 (+)극에 전극을 맞춰 끼운다.

❺ Transfer tank에 ICE pack을 넣고 transfer buffer를 4-gel까지 채운다.

❻ 전원공급기의 (+)극과 (−)극에 맞춰서 연결한다.

❼ 전압을 120 V로, 시간을 2시간으로 설정하여 transfer한다.

그림 9-5 Transfer

(2) Ponceau staining

❶ Transfer가 끝난 후 membrane을 꺼내 H_2O에 wash한다.

❷ Ponceau 용액으로 staining한다.

❸ Staining 후 H_2O로 wash한다.

(3) Membrane blocking

❶ H_2O wash 후 blocking solution(3% skim milk in TBS-T)에 membrane이 잠기도록 넣는다 (1 membrane당 약 10 mL).

❷ 1시간 동안 shaker에서 blocking한다.

❸ Blocking 후 TBS-T로 10분간 3회에 걸쳐 wash한다.

(4) Antibody binding

❶ 1차 antibody를 blocking solution에 희석 후(약 1 : 2,000) membrane에 부어준 후 4℃에서 overnight shaking한다.

❷ Overnight 후 TBS-T로 10분간 3회에 걸쳐 wash한다.

❸ 2차 antibody를 blocking solution에 희석 후(약 1 : 10,000) membrane에 부어준 후 차광 상태에서 1시간 동안 shaking한다.

❹ 차광 상태에서 TBS-T로 10분간 3회에 걸쳐 wash한다.

(5) Detection

❶ ECL solution을 reagent A와 B를 1 : 1로 하여 조제한다.

❷ Membrane에 ECL solution을 약 1 mL 정도 뿌려준 후 골고루 퍼지게 한다.

❸ Chemidoc을 통해 detection한다.

참고문헌

1   Bollag D.M., Rozycki M.D., Edelstein S.J. (1996). Protein methods, 2nd ed. New York : Wiley-Liss, Inc.

2   Michael R. Green, Joseph Sambrook (2012). Molecular Cloning : A Laboratory Manual, 4th Edition. Cold Spring Harbor : Cold Spring Harbor Laboratory Press

3   https://www.ncbi.nlm.nih.gov/pmc/articles/PMC3456489/

4   https://bio-chae.com/western-blot/

5   https://www.abcam.com/protocols/general-western-blot-protocol

6   https://www.thermofisher.com/kr/ko/home/life-science/protein-biology/protein-
     assays-analysis/western-blotting.html

실험조		학번		작성자	
실험 일자		제출 일자		담당 조교	

실험조		학번		작성자	
실험 일자		제출 일자		담당 조교	

실험조		학번		작성자	
실험 일자		제출 일자		담당 조교	

실험조		학번		작성자	
실험 일자		제출 일자		담당 조교	

실험조		학번		작성자	

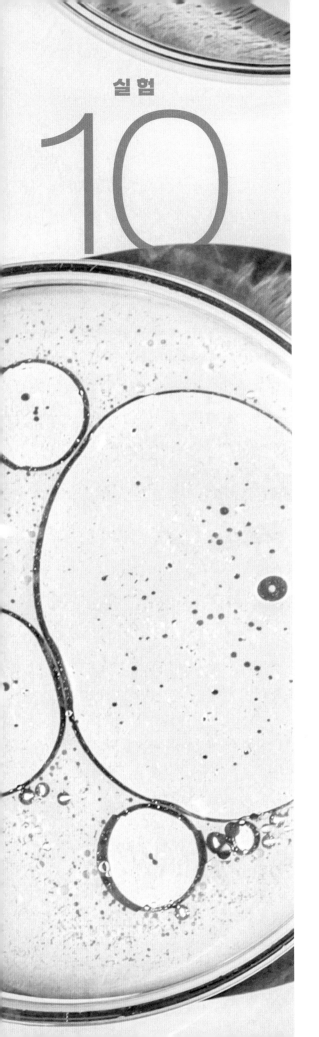

DNA mini preparation

학습목표

- DNA mini preparation의 기본 개념을 이해한다.
- 박테리아 세포(*E. coli*)로부터 플라스미드 DNA를 정제하는 방법과 원리를 이해한다.

원리

(1) 플라스미드 DNA 정의

플라스미드 DNA는 주로 대장균(*E. coli*)과 같은 세균 내에서 증식하며, 이후 세균으로부터 추출되어 다양한 실험과 응용에 사용된다. 플라스미드 DNA는 세균 세포 내에서 독립적으로 존재하는 DNA 분자로, 염색체와 별개로 복제할 수 있는 특성을 지니고 있다. 이러한 특성으로 인해 플라스미드 DNA는 형질전환과 같은 생물학적 기능을 수행할 수 있으며, 따라서 클로닝과 같은 유전자 재조합 기술에서 주요 도구로 활용된다.

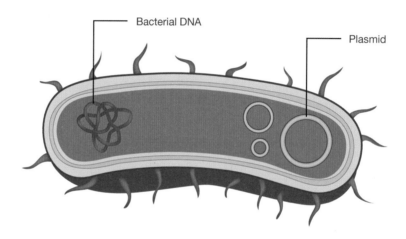

그림 10-1 플라스미드 DNA와 Bacterial DNA

플라스미드 DNA는 다양한 형태로 존재할 수 있으며, 기본적으로 supercoiled DNA 형태를 띤다. 그러나 정제 과정 중 변형이 가해지면 세 가지 형태로 변할 수 있다. 물리적이나 화학적 처리로 인해 supercoiled DNA는 nick open circular 형태로 잘리거나 선형(linear) 형태로 변할 수 있다. Supercoild 형태는 아가로오스의 격자 구조를 상대적으로 쉽게 통과하는 반면, nick 형태는 한 가닥이 잘려서 펼쳐진 상태로 아가로오스 겔을 통과하게 된다. 따라서 nick 형태는 선형 형태보다 겔을 통과하는 속도가 상대적으로 느리다.

(2) DNA Mini Prep의 정의, 응용 및 원리

DNA mini prep은 세포벽과 세포막을 파괴하여 세포 내의 순수한 플라스미드 DNA를 분리하는 과정을 의미한다. 이 과정은 박테리아에서부터 플라스미드 DNA를 추출할 때 사용되며, 실험의 효율성을 높이는 데 필수적이다. DNA mini prep을 통하여 추출된 플라스미드 DNA는 클로닝, 유전자 발현 연구 등과 같은 실험에 유용하게 활용될 수 있다.

박테리아로부터 플라스미드 DNA 추출은 원하는 농도에 따라 DNA mini prep, DNA midi prep, DNA maxi prep과 같은 방법이 있다. DNA mini prep은 5~50 μg의 플라스미드 DNA를 추출할 수 있으며, DNA midi prep은 100~350 μg의 플라스미드 DNA를 추출할 수 있다. 마지막으로 DNA maxi prep은 플라스미드 DNA를 500~850 μg 정도 추출할 수 있다.[1]

표 10-1   플라스미드 DNA의 다양한 종류

형태	종류	특징
Supercoiled DNA	Supercoiled 또는 Closed-circular	이중가닥의 plasmid DNA가 뭉친 상태
Nick	Nicked open circular	DNA가 원형으로 존재하나 한 가닥에 틈(nick)이 존재
Linear DNA	Linear	DNA의 이중가닥이 끊어져 선형의 상태

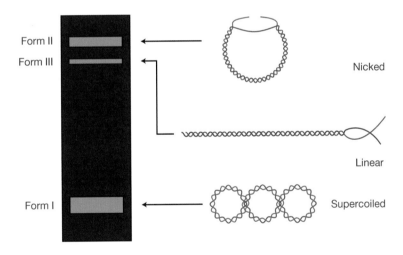

그림 10-2   플라스미드 DNA의 다양한 종류

DNA mini prep의 원리는 세포벽과 세포막을 노출시킨 후, 알칼리성 용액이나 detergent를 사용하여 세포를 파괴한다. 이후, 염색체 DNA와 세포 내의 다른 큰 분자들을 제거하고, potassium acetate와 같은 강산을 사용하여 pH를 중성으로 돌려 DNA를 결합한다. 마지막으로, 플라스미드 DNA를 용액에서 분리하고 정제하여 순수한 형태로 얻는다. 이렇게 추출된 플라스미드 DNA는 다양한 분자생물학적 실험에 활용된다.

(3) Plasmid DNA 추출에 사용되는 시약 및 원리

① 버퍼 1(Re-suspend buffer) : 원심분리기로 뭉쳐진 펠릿을 다시 풀어주는 역할

표 10-2 버퍼 1의 조성과 역할

조성	역할
25 mM Tris-Cl	(buffering capacity) 세포 형태가 유지되도록 pH를 조절하는 역할
10 mM EDTA	킬레이팅(chelating)하여 세포벽을 안정화하고, DNase 활성을 유지하는 역할
50 mM Glucose	삼투압을 유지하는 역할
RNaseA	RNA를 분해하는 역할

② 버퍼 2(Lysis buffer) : 세포벽과 세포막을 파괴하여 핵산을 용해하는 역할

표 10-3 버퍼 2의 조성과 역할

조성	역할
0.2 N NaOH	DNA를 단일가닥(ssDNA)으로 변성시키는 역할
1% SDS	계면활성제로서 세포막을 파괴시키며, 단백질을 변성시키는 역할

③ 버퍼 3(Neutralization or precipitation buffer) : 변성된 플라스미드 DNA를 다시 재형성하는 역할

표 10-4 버퍼 3의 조성과 역할

조성	역할
5 M Potassium acetate	단일가닥(ssDNA) 염기 간의 수소 결합을 재형성하는 역할
Glacial acetic acid	단일가닥(ssDNA) 염기 간의 수소 결합을 재형성하는 역할

④ 아이소프로필 알코올(Isopropyl alcohol) : 플라스미드 DNA 펠릿 침전
⑤ 70% 에탄올 : 플라스미드 DNA 펠릿 세척
⑥ Tris-EDTA(TE) 버퍼 : DNA의 안정성을 유지하고 저장하는 역할

시약 및 기구

(1) 시약

LB 액체 배지, 버퍼 1, 버퍼 2, 버퍼 3, 아이소프로필 알코올, 70% 에탄올, TE 버퍼

(2) 기구

진탕배양기(shacking incubator), 원심분리기, 마이크로피펫, 배양 튜브(inoculation tube), 마이크로 튜브, 핵산 정량 기계

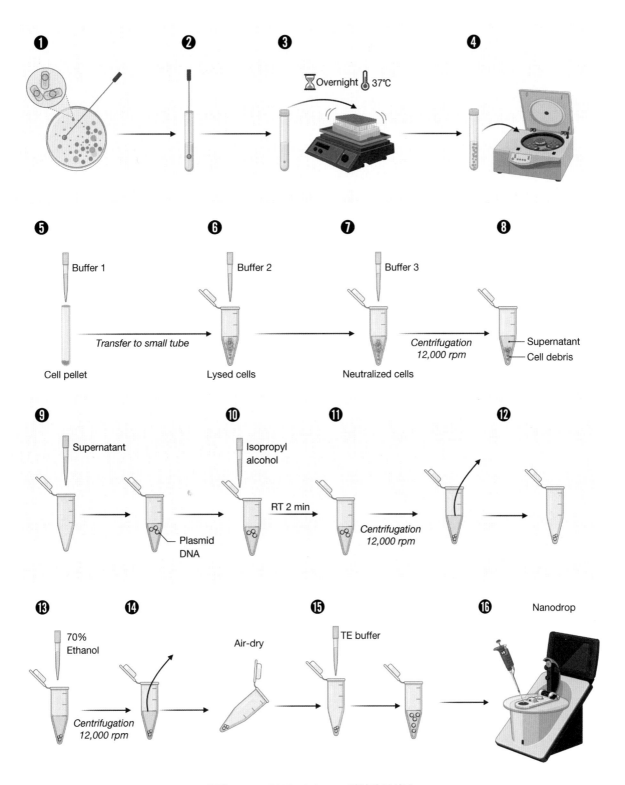

그림 10-3   DNA mini prep 실험의 모식도

실험 방법

❶ Transformation 이후 LB plate에 생긴 콜로니(colony)를 선별한다.

❷ 1~2 mL의 LB 액체 배지를 배양 튜브에 넣고, 선별된 콜로니를 넣는다.

❸ 배양 튜브를 진탕배양기에 넣고 200 rpm, 37℃ 조건에서 12~16시간 동안 배양한다.

❹ 배양된 용액을 마이크로 튜브로 옮긴 후, 원심분리를 12,000 rpm, 4℃에서 3분간 수행한다.

❺ 상층액을 제거하고, 남은 펠릿에 250 μL 버퍼 1을 넣고 충분히 풀어준다.

❻ 250 μL 버퍼 2를 넣고 inverting한다.

❼ 350 μL 버퍼 3을 넣고 inverting한다.

❽ 원심분리를 12,000 rpm, 4℃에서 10분간 수행한다.

❾ 플라스미드 DNA가 포함된 상층액을 새로운 마이크로 튜브로 분리한다.

❿ 상층액에 동량의 아이소프로필 알코올을 넣고 섞은 후, 상온에 2분간 방치한다.

⓫ 플라스미드 DNA를 침전시키기 위해 원심분리를 12,000 rpm, 4℃에서 5분간 수행한다.

⓬ 상층액을 제거한다.

⓭ 남은 펠릿에 1 mL의 70% 에탄올을 넣고, 원심분리를 12,000 rpm, 4℃에서 5분간 수행한다.

⓮ 상층액을 제거하고, 남은 펠릿을 건조시킨다.

⓯ 플라스미드 DNA 펠릿을 TE 버퍼에 용해시킨다.

⓰ 핵산 정량 장비를 사용하여 농도를 측정한다.

참고문헌

1   https://m.blog.naver.com/onekyeong2/222696799516

실험조		학번		작성자	
실험 일자		제출 일자		담당 조교	

실험조		학번		작성자	
실험 일자		제출 일자		담당 조교	

실험조		학번		작성자	
실험 일자		제출 일자		담당 조교	

실험조		학번		작성자	
실험 일자		제출 일자		담당 조교	

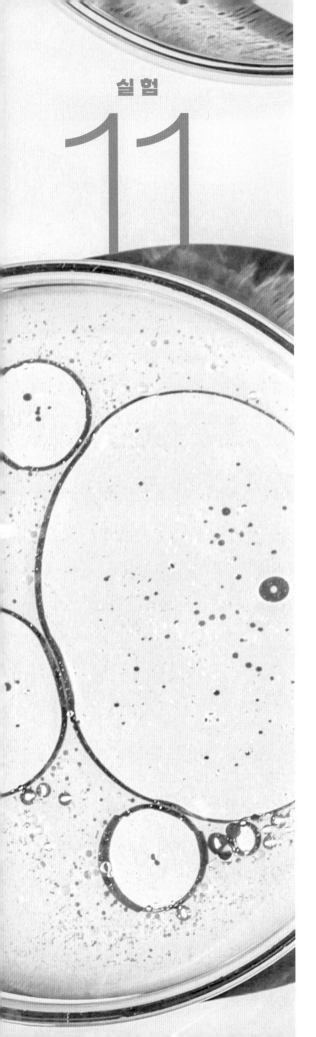

제한효소 처리 (Restriction enzyme)

학습목표

- 제한효소의 기본 개념을 이해한다.

- 제한효소 처리에 따른 플라스미드 DNA 절삭 방법과 원리에 대해 이해한다.

원리

(1) 제한효소에 대한 정의

제한효소는 DNA를 특정한 위치에서 인식하고, 그 위치에서 정확하게 절단하는 특수 효소이다. 이러한 효소는 다양한 생물체에서 발견되며, DNA를 특정한 부위에서 절단하여 특정한 DNA 조각을 생산하는 주요 기능을 수행한다. 제한효소는 DNA의 내부에서 절단하기 때문에 '핵산내부가수분해효소(endonuclease)'라고 일컫는다.[1]

예를 들어 표 11-1에서 EcoRI 제한효소는 GAATTC 서열을 인식하여 G/AATTC에서 DNA를 자르며, HindIII는 AAGCTT 서열을 인식하고, BamHI는 GGATCC 서열을 인식한다. 이러한 다양한 인식 서열로 인해 각 제한효소는 DNA를 자르는 위치가 서로 다르다.[2]

표 11-1 특정 제한효소가 인지하는 염기서열 및 절단부위

제한효소	인식 서열	절단
EcoR I	5´-G↓AATTC-3´	5´-G AATTC-3´
	3´-CTTAA↑G-5´	3´-CTTAA G-5´
HindⅢ	5´-A↓AGCTT-3´	5´-A AGCTT-3´
	3´-TTCGA↑A-5´	3´-TTCGA A-5´
BamH I	5´-G↓GATCC-3´	5´-G GATCC-3´
	3´-CCTAG↑C-5´	3´-CCTAG C-5´
Pvu I	5´-CGAT↓CG-3´	5´-CGAT CG-3´
	3´-GC↑TAGC-5´	3´-GC TAGC-5´
Sma I	5´-CCC↓GGG-3´	5´-CCC GGG-3´
	3´-GGG↑CCC-5´	3´-GGG CCC-5´
Pst I	5´-CTGCA↓G-3´	5´-CTGCA G-3´
	3´-G↑ACGTC-5´	3´-G ACGTC-5´
Not I	5´-GC↓GGCCGC-3´	5´-GC GGCCGC-3´
	3´-CGCCGG↑CG-5´	3´-CGCCGG CG-5´
Kpn I	5´-GGTAC↓C-3´	5´-GGTAC C-3´
	3´-C↑CATGG-5´	3´-C CATGG-5´

(2) 제한효소의 기능 및 특징

제한효소는 일반적으로 4~8개의 염기서열을 인식하며, 해당 염기서열과 상보적인 서열을 인식한다. 인식 염기서열 주변의 특정 위치에서 DNA를 절단하여 2개의 부분으로 나눈다. 인식하는 염기의 수에 따라 생성되는 DNA 절편의 크기를 예상할 수 있다. 예를 들어, 'A'라는 제한효소가 6개의 염기

를 인식한다면 $4^6 = 4{,}096$ bp마다 한 번 정도 DNA를 자를 수 있어 평균 4,000 bp 크기의 DNA 절편이 생성될 것이다.

제한효소의 인식 서열과 절단 위치에 따라 불리는 명명법이 존재한다. 이러한 명명법은 헤테로스키조머(heteroschizomer) 또는 네오스키조머(neoschizomer)로 인식 서열은 동일하지만 자르는 위치가 다른 경우를 가리키며(표 11-2, A, B 효소), 이소스키조머(isoschizomer)는 인식 서열과 자르는 위치가 같은 경우를 가리킨다(표 11-2, C, D 효소).[3]

표 11-2 제한효소 인식 염기배열 및 절단부위 특성

제한효소	인식 서열	절단부위 특성
A	5′-CCC↓GGG-3′	평활 말단
	3′-GGG↑CCC-5′	
B	5′-C↓CCGGG-3′	점착성 말단
	3′-GGGCC↑C-5′	
C	5′-TGC↓GCA-3′	평활 말단
	3′-ACG↑CGT-5′	
D	5′-TGC↓GCA-3′	평활 말단
	3′-ACG↑CGT-5′	

제한효소에 의해 잘린 DNA 단편의 말단 모양에 따라 불리는 또 다른 명명법이 있다. 표 11-2의 B의 경우 5′에 염기 1개, 3′에 염기 5개를 가지며, 이로 인해 한쪽 부분이 뾰족하게 튀어나온 점착성 말단(sticky end)을 형성한다. A, C, D의 경우 5′에 염기 3개, 3′에 염기 3개를 가지며, 이로 인해 끝이 평활한 평활 말단(blunt end)을 형성한다.[4]

제한효소는 생물체의 DNA 보호나 유전자 조절 등 다양한 생물학적 기능을 수행하기 위해 발달했으며, DNA 조작 실험에서 널리 활용된다. 특히 제한효소를 사용하여 DNA를 특정 부위에서 절단하고, 이를 통해 생성된 DNA 조각을 분석하거나 다양한 유전자 조작 실험에 활용할 수 있다. 서로 다른 제한효소를 사용하여 원하는 DNA 조각을 생성하고, 이를 조합하여 유용한 단백질을 발현하는 DNA로 변형할 수 있으며, 제한효소를 사용한 DNA 조각은 분석 및 클로닝 등 다양한 실험에 활용될 수 있다.

시약 및 기구

(1) 시약

제한효소(예 : EcoRI, HindIII, BamHI 등), 플라스미드 DNA, 반응 용액 조성 시약(효소 버퍼), 정제수, 200 μL 튜브

(2) 기구

겔 전기영동장치, 마이크로피펫, 유전자 증폭기(polymerase chain reaction machine)

(3) Enzyme Digestion 조성

플라스미드 DNA	200 ng/μL
제한효소 버퍼	1 μL
제한효소	0.5 μL
정제수	up to 10 μL
제한효소 특정 활성화 온도에서 1시간 반응[5, 6]	

실험 방법

❶ 제한효소의 절단 위치를 확인한다.

❷ PCR 튜브에 DNA, 효소 버퍼, 제한효소, 정제수를 조성에 맞게 넣어준다.

❸ 마이크로피펫을 가지고 혼합한다.

❹ 원심분리기를 통해 튜브에 담긴 혼합물을 spin down한다.

❺ 유전자 증폭기를 통하여 제한효소 특정 활성화 온도를 설정한 후, 1시간 동안 반응을 진행한다.

❻ 겔 전기영동장치를 통해 DNA의 절단 여부를 확인한다.

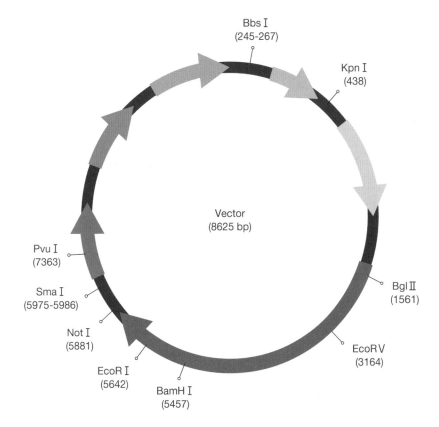

Enzyme	Cut site (bp)	Total Cut
Aju I	3369, 3401, 4404, 4436	4
BamH I	5457	1
Bbs I	245 - 267	2
Bgl II	1561	1
Btg I	721, 3040, 3709, 4723, 7664	5
EcoR I	5642	1
EcoR V	3164	1
Kpn I	438	1
Not I	5881	1
Pst I	417, 2104, 3526, 3730, 3760, 4972, 6026	7
Pvu I	7363	1
Sma I	5975 - 5986	2

(a)

	Enzyme	Cut site	Total cut	Fragment length (bp)
A	EcoR I	5642	1	8625
B	BstAP I	2336 - 2846	2	8115, 510
C	Bmr I	650 - 4694 - 7692	3	1583, 2998, 4044

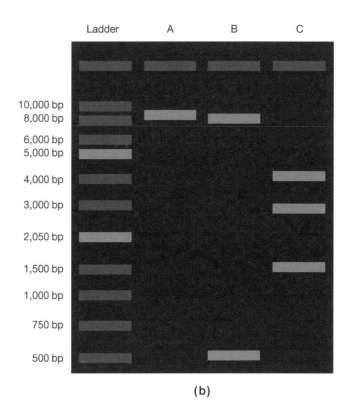

(b)

그림 11-1 (a) 제한효소에 따라 절삭되는 플라스미드 DNA의 위치와 (b) 겔 전기영동을 통한 절삭 확인

참고문헌

1   https://www.britannica.com/science/restriction-enzyme

2   Robert F. Weaver 저, 최준호 외 역(2012). Molecular Biology, 5th Edition. McGraw Hill

3   https://www.neb.com/en/tools-and-resources/selection-charts/isoschizomers

4   https://www.khanacademy.org/science/biology/biotech-dna-technology/dna-cloning-tutorial/a/restriction-enzymes-dna-ligase

5   https://www.thermofisher.com/kr/ko/home/life-science/cloning/restriction-enzyme-digestion-and-ligation/restriction-enzyme-cloning.html

6   https://enzymefinder.neb.com/#!#nebheader

실험조		학번		작성자	
실험 일자		제출 일자		담당 조교	

실험조		학번		작성자	
실험 일자		제출 일자		담당 조교	

실험조		학번		작성자	
실험 일자		제출 일자		담당 조교	

실험조		학번		작성자	
실험 일자		제출 일자		담당 조교	

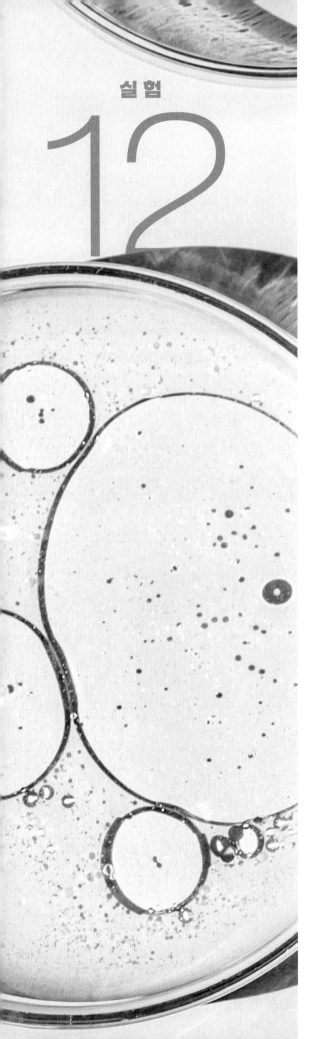

세균 기본배양 배지

학습목표

- 세균 배양에 필요한 액체 배지와 고체 배지를 만들 수 있다.

- 특정 세균만 증식이 가능한 선별 배지를 만들 수 있다.

배지란 미생물, 세균 등의 배양을 위한 영양물의 혼합을 의미하며 주로 성장에 필요한 탄소원, 질소원, 비타민, 무기염류 등을 포함하고 있다. 형태에 따라 액체 상태의 액체 배지와 한천가루(agar) 등을 넣어 굳힌 고체 배지로 구분이 가능하며, 또한 배양 세균의 종류, 배지 사용 목적에 따라 배지의 조성이 다양하게 존재한다.

(1) 액체 배지

액체상태의 배지로 경화 재료인 한천가루 등이 들어가지 않는 배지를 의미한다. 배양되는 세균이 배지와 접촉하는 표면적이 비교적 넓어 산소와 영양분의 원활한 공급이 가능하다는 점이 특징이다.

(2) 고체 배지

고체상의 배지로 액체 배지에 경화 재료인 한천가루 또는 젤라틴 등을 넣어 굳힌 배지를 의미한다. 고체 배지는 배지를 굳힌 형태에 따라 평평하게 굳힌 평판 배지, 비스듬히 굳힌 사면 배지 등으로 구분할 수 있으며, 고체 평판 배지의 경우 세균은 콜로니를 형성하기 때문에 세균 동정에 도움이 될 수 있다는 것이 특징이다.

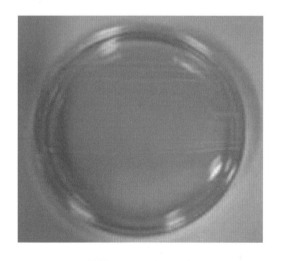

그림 12-1 평판 배지

그림 12-2 사면 배지

(3) 선별 배지

선별된, 특이적인 세균만 증식하도록 특정 물질을 추가하여 만들어진 배지를 의미한다. 주로 특정 항생제에 내성을 가진 세균이나 특정 대사물질을 가진 세균을 선별할 때 사용된다. 예를 들어 암피실린

(ampicillin), 카나마이신(kanamycin), 클로람페니콜(chloramphenicol) 등의 항생제가 포함된 선별 배지의 경우 항생제 저항성이 없는 세균은 죽어 증식하지 못하며 항생제에 저항성을 가진 세균만 증식이 가능하다.

주로 호기성 세균이나 박테리아 배양에 사용되는 배지는 LB(Luria Bertani, Luria Broth, Lysogeny Broth) 배지로 트립톤(trypton), 효모 추출물(yeast extract), NaCl(염화나트륨) 등으로 구성되어 있다. 트립톤의 경우 카세인에 트립신을 처리할 경우 생기는 펩타이드로 배지에서 아미노산 공급원으로 작용하며, 효모를 건조시킨 뒤 갈아 만든 효모 추출물의 경우 탄수화물, 단백질, 지방, 비타민, 무기염류 등의 성분이 풍부하여 영양소 공급원으로 작용한다. 마지막으로 NaCl의 경우 pH와 삼투압을 조절하여 세균이 터지는 것을 방지하는 역할을 하며, 추가적으로 LB 배지에 암피실린, 카나마이신, 클로람페니콜 등의 항생제를 처리할 경우 원하는 플라스미드 DNA를 가진 세균만 선별하여 형질전환 실험 등에 응용적으로 사용이 가능하다.

재료 및 기구

(1) 재료

증류수, 트립톤, 효모 추출물, NaCl, 한천가루, 암피실린

(2) 기구

삼각 플라스크, 메스실린더, 전자저울, 약포지, 약수저, 교반기, 고압증기멸균기(autoclave), pH 미터기, 알루미늄 포일, 멸균 테이프, 페트리 접시, 알코올램프, 클린벤치

실험 방법

(1) 액체 LB 배지(1 L)

❶ 1 L 삼각 플라스크에 증류수를 500 mL 정도 넣은 후, 아래 표에 맞게 전자저울, 약포지, 약수저를 사용하여 측정한 각 시약을 1 L 삼각 플라스크에 넣는다.

시약	1L(1,000 mL) 기준
증류수	1,000 mL
트립톤(Trypton)	10 g
효모 추출물(Yeast extract)	5 g
NaCl(Sodium chloride)	10 g

❷ 교반기를 사용하여 가라앉는 가루가 없도록 완전히 녹인다.

❸ 1 L 삼각 플라스크에 나머지 증류수 500 mL를 넣어 잘 섞어준다.

❹ pH 미터기를 통해 용액의 pH가 7.0~8.0 사이인지 확인한다.

❺ 알루미늄 포일로 입구를 감싸고 멸균 테이프를 붙인 후 고압증기멸균기에 넣어 121℃에서 15분간 멸균한다.

❻ 상온에서 식힌 후, 이후 사용 전까지 4℃에서 냉장보관한다.

★필요에 따라 적당량을 15 mL 또는 50 mL 코니컬 튜브에 분주 후 항생제를 넣어둔 후 사용하기도 한다.

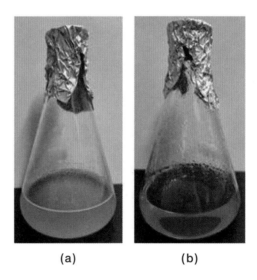

(a)   (b)

그림 12-3   (a) 멸균 전과 (b) 멸균 후

(2) 고체 LB 배지(LA 배지)

❶ 1 L 삼각 플라스크에 증류수를 500 mL 정도 넣은 후 아래 표에 맞게 전자저울, 약포지, 약수저를 사용하여 시약을 1 L 삼각 플라스크에 넣는다.

시약	1 L(1,000 mL) 기준
증류수	1,000 mL
트립톤(Trypton)	10 g
효모 추출물(Yeast extract)	5 g
NaCl(Sodium chloride)	10 g
한천가루(Agar)	15 g

❷ 교반기를 사용하여 가라앉는 가루가 없도록 완전히 녹인다.

❸ 1 L 삼각 플라스크에 나머지 증류수 500 mL를 넣어 잘 섞어준다.

❹ pH 미터기를 통해 pH가 7.0~8.0 사이인지 확인한다.

❺ 알루미늄 포일로 입구를 감싸고 멸균 테이프를 붙인 후 고압증기멸균기에 넣어 121℃에서 15분간 멸균한다.

❻ 멸균이 끝나면 상온에서 65℃까지 식힌다.

❼ 클린벤치 내에서 알코올램프를 사용하여 상승기류로 미생물 감염을 막는 고전적인 멸균환경을 구축한다.

❽ 클린벤치에서 기포가 생기지 않도록 주의하며 페트리 접시에 멸균된 배지를 약 15 mL씩 천천히 붓는다.

★한천의 녹는점이 60℃, 굳는 점이 40℃임에 유의하여 실험을 진행한다.

★삼각 플라스크 입구를 알코올램프로 소독한 후 배지에 부어 오염되는 것을 방지한다.

★페트리 접시의 뚜껑을 살짝 열어 증기가 빠져 나갈 수 있게 한다.

---

❾ 완전히 굳으면 페트리 접시를 밀봉하고 뒤집어 4℃에서 냉장보관한다.

(3) LB/Amp 배지(1 L 기준)

❶ (1), (2)의 실험을 참고하여 1 L 기준 액체 배지나 고체 배지를 만든다.

❷ 멸균 후 65℃로 식힌 액체 상태의 배지에 암피실린(100 mg/mL)을 1 mL 넣는다.

★고체 배지의 경우 페트리 접시에 붓기 전에 암피실린을 넣는다.

★배지의 온도가 높을 경우 항생제가 변성될 수 있음을 주의하여 실험을 진행한다.

결과

① 만든 배지의 pH가 7.0~8.0 사이인지 확인한다.

② 배지에 세균을 접종한 후 액체 배지와 고체 배지에서 세균이 자라는지 확인한다.

고찰

① 선별 배지에서 생존할 수 있는 세균은 생존이 불가능한 세균과 어떤 차이가 있는가?

② 액체 배지와 고체 배지에 세균을 접종하는 방법과 배양 방법에 차이가 존재하는가?

참고문헌

1   Christopher J. Woolverton, Linda M. Sherwood, Christopher J. Woolverton. 2016

2   Luzon-Hidalgo R., Risso V.A., Delgado A., Ibarra-Molero B., Sanchez-Ruiz J.M. A protocol to study bacteriophage adaptation to new hosts. STAR Protoc. 2021

3   Tu Z., Karnoub A.E. In vivo gain-of-function cDNA library screening for colonization genes in a mouse model of pulmonary metastasis. STAR Protoc. 2022

4   Sanders E.R. Aseptic laboratory techniques : plating methods. J Vis Exp. 2012

5   한국미생물학회. http://www.msk.or.kr

실험조		학번		작성자	
실험 일자		제출 일자		담당 조교	

실험조		학번		작성자	
실험 일자		제출 일자		담당 조교	

실험조		학번		작성자	
실험 일자		제출 일자		담당 조교	

실험조		학번		작성자	
실험 일자		제출 일자		담당 조교	

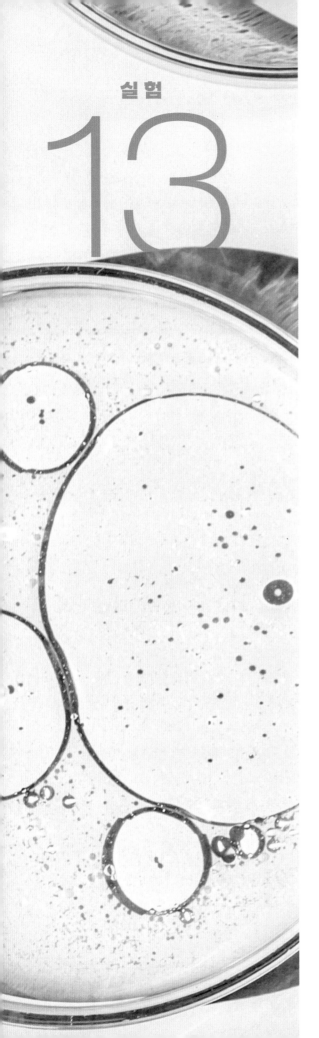

형질전환

학습목표

- 연구하고자 하는 유전자 등 외부 DNA 서열을 포함하고 있는 플라스미드 DNA를 대장균에 삽입하는 형질전환 (transformation)에 대해 이해하고 실험을 수행할 수 있다.

- 형질전환에 일반적으로 사용되는 열충격 방법을 이해한다.

원리

형질전환(transformation)은 기존 세포에 존재하는 DNA 이외의 플라스미드(plasmid) DNA 등의 다른 외래 DNA 사슬 조각 등이 세포에 침투하여 유전적인 변화를 일으키는 분자생물학적 현상을 의미한다. 플라스미드란 세균(bacteria) 같은 원핵세포의 염색체 DNA와 분리되어 있고, 일부 진핵세포에서도 발견될 수 있는 작은 이중가닥의 원형 DNA 분자를 의미하며 항생제에 대한 저항성 유전자 등을 가지고 있어 세균 사이에 항생제 내성이 생기는 데 도움을 주는 것이 특징이다. 이러한 플라스미드가 도입되어 원래 세포에 존재하던 DNA에 결합하게 되면 세포의 유전형질이 변화될 수 있으며, 이러한 것을 형질전환이라고 한다. 형질전환은 세균에서 흔히 관찰되지만 인공적인 유전자 조작을 통해서도 이루어진다.

보통 자연상태에서는 미생물의 형질전환 효율이 매우 낮은 편이기 때문에 높은 효율로 외래 DNA를 흡수하도록 제작된 수용성 세포(컴셀, competent cell)를 사용한다. 수용성이란 미생물이 형질전환을 통해 외부 DNA를 주변으로부터 흡수해 자신의 유전적 변화를 일으킬 수 있는 상태를 의미한다. 대부분의 세균의 경우 자연적인 수용성이 매우 낮기 때문에 열충격(heat shock)*이나 전기천공법(electroporation)*으로 형질전환에 적합하도록 수용성 세포를 만들어야 한다.

---

*열충격(화학적 형질전환) : 세포막의 투과성을 높이기 위해서 칼슘 등으로 처리하며 세포 배양 후, 고온에 짧은 시간 노출시켜 세포 내 DNA 투과성을 증가시킨다.

---

*전기천공법 : 전기장을 세포에 적용함으로써 DNA의 흡수율을 향상시키고 세포에 짧은 펄스의 고전압 전기장을 주어 전기장이 세포의 막전위를 증가시켜 일시적으로 DNA와 같이 하전된 분자의 세포막 투과성을 일으킨다.

대장균은 현재 클로닝 실험에서 형질전환을 위해 사용되는 가장 대표적인 세균이다. DNA 분리 정제용 대장균은 보통 DH5α를 사용하며 DH5α는 형질전환 효율을 극대화하기 위해 제작된 대장균 세포이다. 대장균 수용성 세포는 일반적으로 화학적 처리를 하는데, 주로 $CaCl_2$(염화칼슘) 처리를 하여 대장균의 세포막 고유의 전기적 성질을 변화시켜 막구조를 불안정하게 만들어주어 외부 플라스미드 DNA가 세포 내로 쉽게 들어갈 수 있도록 한다. 특히 세포의 인지질 이중층과 DNA는 음전하(negative charge)를 가지고 있어 세포막과 척력이 발생하는데, $CaCl_2$과 같은 2가 양이온을 처리하면 이를 중화시켜 DNA의 전하로 인한 척력이 줄어든다. 플라스미드 등의 도입으로 형질전환된 수용세포는 접합과 형질도입을 통해 새로운 유전형질을 확장시킬 수 있다.

본 실험에서는 DNA 정제용 플라스미드 DNA의 형질전환에 주로 사용되는 DH5α를 이용하여 열충격 방법을 통해 형질전환을 한다. 이후 LA 고체 배지에서 콜로니(colony)가 자랐는지 확인을 통한 형질전환 효율 파악을 목표로 한다.

재료 및 기구

(1) 재료

수용성 세포(competent cell), 플라스미드 DNA(plasmid DNA), ice, LA 고체 배지, LB 액체 배지

(2) 기구

히팅블록(heat block), 마이크로피펫, 팁(tip), 1.5 mL 마이크로 튜브, 진탕배양기(shaking incubator), 배양기(incubator), 원심분리기(centrifuge)

실험 방법(열충격 방법)

❶ 건강한 상태 유지를 위해 수용성 세포를 ice에서 서서히 녹인다.

❷ 플라스미드 DNA가 들어 있는 1.5 mL 마이크로 튜브를 ice에 5~10분간 방치한다.

그림 13-1   Ice에서 수용성 세포 녹이기

❸ 열충격 조건을 만들기 위해 히팅블록을 42℃로 맞추어둔다.

그림 13-2   42℃로 설정된 히팅블록

❹ 마이크로 튜브에 1 µL DNA + 10 µL 수용성 세포를 넣는다.

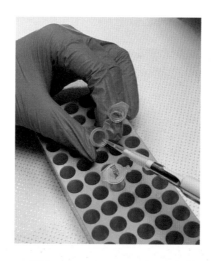

그림 13-3   Plasmid DNA 주입

❺ DNA와 수용성 세포가 잘 섞일 수 있도록 살짝 두드려 섞어준다(tapping).

★수용성 세포가 충격을 받을 수 있는 vortex mix 등 금지

❻ Ice에서 30분간 보관한다.

★Ice에 계속 둔 상태라면 바로 진행해도 무방하다.

❼ 42℃ 히팅블록에 45~60초간 마이크로 튜브를 넣어 세포에 열충격을 준다.

❽ 마이크로 튜브를 히팅블록에서 회수한 후 바로 ice에 옮기고 5분간 보관한다.

❾ 회수한 마이크로 튜브에 LB 액체 배지 300 μL를 채워준다.

❿ 1.5 mL 마이크로 튜브를 진탕배양기(shake incubator)에 잘 고정시킨 후, 1시간 동안 37℃ 250 rpm 조건에서 진탕배양한다.

★마이크로 튜브는 살짝 기울여서 배양한다.

★부득이하게 진탕배양기가 없을 시 히팅블록을 사용할 수 있다.

★이 실험 단계에서 LA 고체 배지를 37℃ 온도로 배양기(incubator) 안에 넣어둔다.

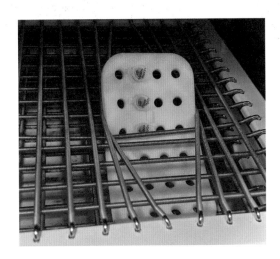

그림 13-4　37℃ 진탕배양

⓫ LA 고체 배지에 진탕배양한 수용성 세포를 넣고 분주한다.

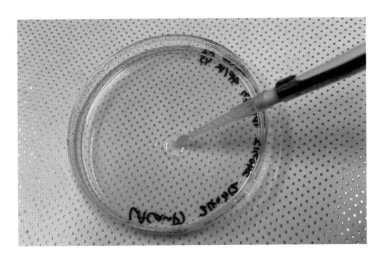

그림 13-5　LA 고체 배지에 수용성 세포 분주

❷ 37℃ 배양기에서 배양(overnight incubation)한다.

그림 13-6 37℃ incubation 안에서 overnight 배양

결과

① 배양(overnight incubation)한 LA 고체 배지에 콜로니(colony)가 자랐는지 확인한다.
② 자라난 콜로니 중 단일 콜로니(single colony)를 골라내어 다음 실험을 진행한다.

고찰

① 형질전환의 원리에 대해 알아보자.
② 형질전환에 사용된 플라스미드 DNA를 만들기 위해서는 어떤 실험 과정이 필요한지 알아보자.
③ LB 액체 배지와 LA 고체 배지의 차이점에 대해 알아보자.

참고문헌

1   Bao S., Thrall B.D., Miller D.L. (1997). Transfection of a reporter plasmid into cultured cells by sonoporation in vitro. Ultrasound Med Biol 23 : 953-959

2   Alberts, Bruce; et al. (2002). Molecular Biology of the Cell. New York : Garland

Science. p. G : 35. ISBN 978-0-8153-4072-0.

3 Finer J.J., Finer K.R., Ponappa T. (1999). Particle bombardment mediated transformation. Current topics in microbiology and immunology, 240 : 59-80

4 de Vos W.M., Venema G. (1981). Fate of plasmid DNA in transformation of Bacillus subtilisprotoplasts. Mol Gen Genet 182 : 39-43

5 Corsaro, C.M., and Pearson, M.L. (1981). Enhancing the efficiency of DNA-mediated gene transfer in mammalian cells. Somatic Cell Genet. 7 : 603-616

실험조		학번		작성자	
실험 일자		제출 일자		담당 조교	

실험조		학번		작성자	
실험 일자		제출 일자		담당 조교	

실험조		학번		작성자	
실험 일자		제출 일자		담당 조교	

실험조		학번		작성자	
실험 일자		제출 일자		담당 조교	

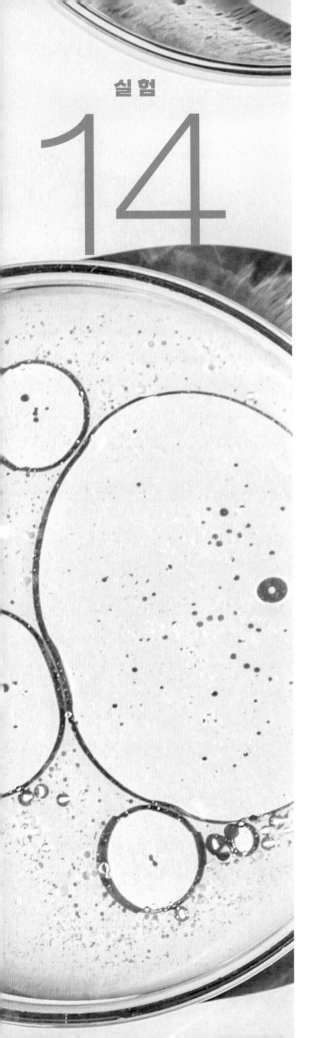

동물세포 배양

학습목표

- 동물세포 배양에 필요한 시약의 조성을 이해한다.

- 동물세포 배양의 수행과정을 이해한다.

- 가장 일반적으로 사용되는 부착 세포 배양을 이해한다.

원리

세포 배양은 다세포 생물에서 세포를 분리하거나 세포주(cell line)화한 후, 체외(*in vitro*)에서 체내 (*in vivo*)와 유사한 통제된 조건을 제공하여 세포를 대량 증식하는 방법으로서, 세포 생물학 및 질병 을 연구하기 위해 사용되거나 항체 및 단백질을 생산하기 위해 사용된다. 동물세포 배양은 생물에서 분리한 세포를 최초로 옮겨 배양하는 초대 배양(primary culture)과 세포 증식을 위해 새로운 배양 접시에 옮겨 세포의 대를 잇는 계대 배양(sub culture) 두 가지로 나눌 수 있다. 또한 세포의 특성에 따라 세포가 배양 용기에 부착하여 자라는 부착 배양세포(adherent cell) 또는 배양액 내에서 부유 상태로 증식하는 부유 배양세포(suspension cell)로 나눌 수 있으며 세포의 특성에 따라 배양 방법 이 달라진다.

동물세포 배양은 미생물이나 식물세포 배양에 비하여 더 까다롭기 때문에 항상 오염방지를 위해 70% 에탄올을 뿌린 기구들을 사용하여 클린벤치 내에서 무균기법으로 배양해야 하며 세포가 자라 기 위한 환경을 제공해 줘야 한다. 세포의 성장에는 당, 아미노산, 알부민, 비타민, 무기물 및 성장 요 소와 완충제 등을 포함한 영양소의 복합체 혼합물인 배양액이 필요하며 많은 경우 성장인자, 단백질, 미량원소, 호르몬 등의 복잡 혼합물인 소태아혈청(Fetal Bovine Serum, FBS)을 추가적인 성장 보 조제로 넣어 사용한다. 이러한 동물세포 배양 배지는 오염의 가능성이 높으며 동물세포의 생장 속도 는 미생물에 비해 느려 배양 도중 미생물에 의해 오염되기 쉽기 때문에 이를 방지하기 위해 페니실린 (penicillin)/스트렙토마이신(streptomycin) 또한 추가로 넣어 세포배양 배지를 만든다. 세포주의 종류나 실험 목적에 따라 배양 배지 및 조성이 달라지기 때문에 필요에 따라 주의하여 배양 배지를 선택해야 한다.

부착 배양세포의 계대 배양에는 세포를 세포 배양접시에서 떨어트리기 위해 이자에서 분비되는 단백질 분해효소인 트립신(trypsin)을 이용한다. 다만, 세포가 오랜 시간 트립신에 노출되면 손상되 기 때문에 다양한 단백질을 포함하고 있는 소태아혈청이 포함된 배양 배지를 넣어주어 트립신을 중 화해 주는 과정을 거치게 된다. 장기간에 걸친 계대 배양은 세포의 돌연변이 및 상태 변화를 불러오 기 때문에 유전적 변이의 최소화 및 노화를 방지하고 세포주를 안정적으로 장기간 보관하기 위해서 는 세포의 동결보존이 필요하다. 세포의 동결보존 시에는 얼음결정에 의한 세포의 손상을 최소화하 기 위해 DMSO(dimethyl sulfoxide)를 사용하며 액체질소에 보관한다.

세포 배양 실험에서 사용하는 HEK293T 세포는 SV40 대형 T 항원의 온도 민감성 돌연변이를 발현하는 인간 세포주이다. HEK293T의 생성에는 네오마이신/G418 내성 및 SV40 대형 T 항원의 tsA1609 대립유전자의 발현이 부여되었다. HEK293T 세포는 배양 방법이 쉽고 생장 속도가 빠르기 때문에 수년 동안 세포 생물학 연구에 널리 사용되어 생명공학 산업에서 유전자 치료를 위한 치료용 단백질 및 재조합 레트로바이러스를 생산하는 데 사용되는 세포주다.

재료 및 기구

(1) 재료

HEK293T 세포, 세포 배양 배지(Dulbecco's Modified Eagle Medium, DMEM), 소태아혈청, 페니실린/스트렙토마이신, 트립신, 1X 인산완충생리식염수(Phosphate-Buffered Saline, PBS), 70% 에탄올, 아이소프로필 알코올(isopropyl alcohol)

① 세포 배양용 배지 만드는 방법

아래 표와 같이 혼합하여 세포 배양용 배지를 만든다.

세포 배양 배지(DMEM)	500 mL
소태아혈청(FBS)	50 mL
페니실린(Penicillin)/스트렙토마이신(Streptomycin)	5 mL

★배지는 항상 사용 전 37℃ 항온수조에서 데운 후 사용한다.

② 세포 동결보존용 배지 만드는 방법

아래 비율로 혼합하여 세포 동결보존용 배지를 만든다.

DMSO	소태아혈청(FBS)	세포 배양 배지(DMEM)
1	4	5

★100 mm 세포 배양접시 기준으로 2 mL 제작

★배지 조성 예시 : DMSO 200 μL + 소태아혈청 800 μL + 세포 배양용 배지 1,000 μL

(2) 기구

현미경, 클린벤치, 석션펌프, 37℃ 항온수조, 37℃ CO_2 배양기, 원심분리기, 마이크로피펫과 팁, 피펫 에이드와 팁, 세포 배양접시(100 mm), 15 mL 코니컬 튜브(conical tube), 동결보존용 바이알, 동결보존용 컨테이너

실험 방법

(1) 세포 해동(Cell Thawing)

❶ HEK293T 세포가 들어 있는 바이알을 액체질소 탱크에서 꺼낸 후 37℃ 항온수조에서 빠르게 녹인다. 이때 세포가 80% 정도만 녹도록 주의한다.

❷ 항온수조에서 꺼낸 바이알을 70% 에탄올로 소독 후 클린벤치에 넣는다.

❸ 15 mL 코니컬 튜브에 제작한 세포 배양용 배지 9 mL를 넣은 후, 바이알에 있는 세포를 천천히 피펫팅하여 배지가 들어 있는 코니컬 튜브로 옮긴다.

❹ 1,500 rpm, 25℃에서 2분간 원심분리해 준다.

❺ 가라앉은 세포 펠릿을 제거하지 않도록 조심하며 상층액만 석션해 준다.

❻ 석션 후 새로운 배양 배지 1 mL를 넣은 후 천천히 피펫팅하여 세포 펠릿을 완전히 풀어준 후 세포 배양액이 담겨 있는 세포 배양접시에 옮겨준다.

❼ 37℃ CO_2 배양기에서 하루 동안 키운 후, 다음 날 기존 배양 배지를 제거하고 새 배지로 바꿔준다.

(2) 계대 배양(Sub Culture)

❶ 기존 세포 배양접시에 자라고 있는 세포 상태를 현미경으로 확인한다.

❷ 기존 세포 배양 배지를 석션으로 제거해 준다.

❸ 1X 인산완충생리식염수 4 mL를 이용하여 세포가 떨어지지 않도록 주의하며 세포를 씻어준다.

❹ 1X 인산완충생리식염수를 석션으로 제거해 준 후, 트립신 1 mL를 처리해 준다.

❺ 37℃ CO_2 배양기에서 1분간 반응시켜 준다.

❻ 1분 후, 세포 배양 배지 2 mL를 배양접시에 넣어 트립신을 중화시킨다.

❼ 배양접시에 있는 세포를 15 mL 코니컬 튜브로 전부 옮겨준다.

❽ 1,500 rpm, 25℃에서 2분간 원심분리해 준다.

❾ 가라앉은 세포 펠릿을 제거하지 않도록 조심하며 상층액만 석션해 준다.

❿ 석션 후 새로운 배양 배지 1 mL를 넣어준 후 천천히 피펫팅하여 세포 펠릿을 완전히 풀어준 후 실험 목적과 필요에 맞는 세포 양만큼 새로운 배양접시에 옮겨준다.

⓫ 다음 날 현미경을 이용해 세포의 상태를 확인한다.

(3) 세포 동결보존

❶ '(1) 재료'에 나와 있는 상단 비율대로 동결보존용 배지를 만든다.

❷ 계대 배양의 ❾번 과정까지 동일하게 진행한다.

❸ 미리 제작한 동결보존용 배지 2 mL를 넣어준 후 천천히 피펫팅하여 세포 펠릿을 완전히 풀어준

후 동결보존용 바이알에 옮겨준다.

❹ 아이소프로필 알코올이 들어 있는 동결보존용 컨테이너에 바이알을 넣어 -70℃에서 하루 동안 보관 후 액체질소 탱크로 옮겨 세포를 보관한다.

결과

① 현미경상 HEK293T 세포가 세포 배양접시 바닥에 붙어 자란 것을 확인할 수 있다.

② 세포의 양을 달리하여 분주하고 자라는 군집이나 단일 세포의 모양을 비교할 수 있다.

③ 세포의 성장에 따른 세포 배양 배지의 색 변화를 관찰할 수 있다.

그림 14-1과 그림 14-2는 세포 양에 따른 비교 이미지를 보여준다.

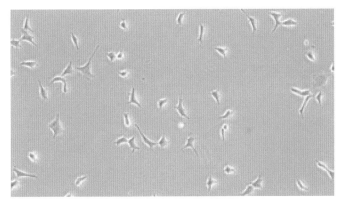

그림 14-1   Low confluency

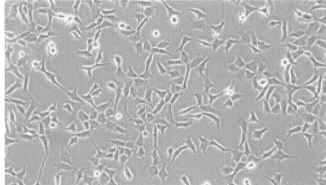

그림 14-2   High confluency

고찰

① 실험 목적에 따라 세포의 양이나 배양접시의 크기를 선택하여 배양해 보자.

② 적절한 시간에 계대 배양을 하지 않은 세포의 상태가 어떻게 변할지 생각해 보자.

③ 배양세포의 오염 시 어떻게 대처해야 할지 생각해 보자.

참고문헌

1 동물세포 배양의 모든 것, 대한당뇨병학회, https://old.diabetes.or.kr/new_workshop/201205/ab2.html.

2 Philippeos C., Hughes R.D., Dhawan A., Mitry R.R. Introduction to cell culture. Methods Mol Biol. 2012; 806 : 1-13

3 Segeritz C.P., Vallier L. Cell Culture : Growing Cells as Model Systems In Vitro. Basic Science Methods for Clinical Researchers. 2017 : 151-72

4 https://www.atcc.org/products/crl-3216

5 https://www.sigmaaldrich.com/KR/ko/technical-documents/protocol/cell-culture-and-cell-culture-analysis/mammalian-cell-culture/cell-dissociation-with-trypsin

6 https://www.atcc.org/resources/culture-guides/animal-cell-culture-guide

실험조		학번		작성자	
실험 일자		제출 일자		담당 조교	

실험조		학번		작성자	
실험 일자		제출 일자		담당 조교	

실험조		학번		작성자	
실험 일자		제출 일자		담당 조교	

실험조		학번		작성자	
실험 일자		제출 일자		담당 조교	

학번		작성자	

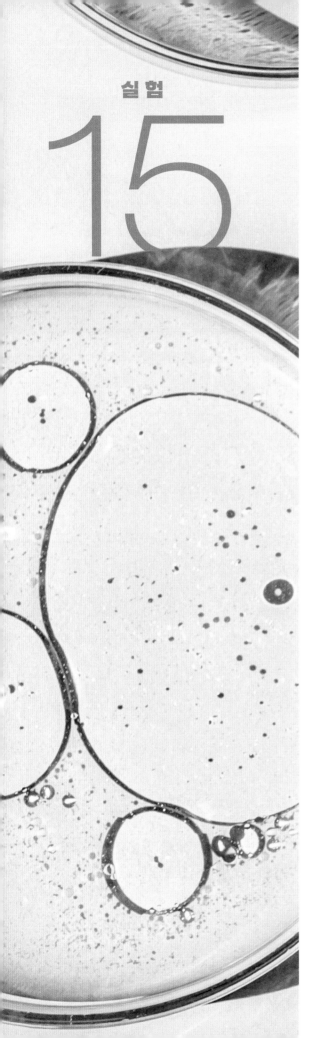

형질주입과 녹색형광단백질 발현

학습목표

- HEK293T 세포주를 통해 화학적 형질주입을 실습할 수 있다.

- 녹색형광단백질(Green Fluorescent Protein, GFP)을 통해 형질주입 효율을 확인할 수 있다.

원리

형질주입(transfection)이란 유전적으로 변형된 세포를 만들어내기 위해 세포 내로 외래 핵산(플라스미드, DNA, RNA)을 인위적으로 전달하는 과정을 일컫는다. 형질주입은 유전자나 단백질의 기능을 연구하거나 유전자의 발현 조절을 연구하는 데 사용되는 강력한 기술 중 하나로서 많은 생물학적 연구에 이용되고 있으며, 현재는 유전 질환이나 타개하기 어려운 질병을 치료하는 유전자 치료 전략(gene therapy) 중 하나로 활용되기도 한다. 실험의 목적에 따라 세포 내로 이입된 핵산은 숙주세포의 유전체 내부로 통합되어 숙주세포 유전체의 복제 및 세포분열 이후에도 지속해서 발현되거나(stable transfection) 유전체에 통합되지 않고 일시적으로 발현될 수 있다(transient transfection). 유도만능줄기세포(induced Pluripotent Stem Cell, iPSC) 형성, 바이러스 백터 생성, siRNA를 활용한 유전자 발현 억제(knock-down) 및 플라스미드를 활용한 유전자 과발현(over-expression) 등이 형질주입 활용의 예이다.

형질주입은 어떤 방식을 통해 진행되는지에 따라 크게 생물학적, 물리적, 화학적 방법으로 나뉜다. 생물학적 방법은 원하는 핵산 서열을 담고 있는 바이러스를 운반자로서 활용하는 방법이며 형질도입(transduction)이라고도 한다. 숙주세포의 유전체에 표적서열을 삽입하여 지속적인 유전자의 발현을 유도하는 데 용이하지만, 세포 독성 및 염증 유발의 위험성이 있다. 물리적 방법으로는 유전자총을 이용하는 방법(gene gun mediated biolistic transformation) 또는 미세 주입(micro-injection), 레이저 매개 형질주입 등이 있으나 비교적 높은 기술 활용 비용과 숙달된 숙련도를 요구한다. 화학적 방법은 일반적으로 연구 목적으로서 포유류 세포주에 가장 많이 사용되는 형질주입 방법으로 가장 먼저 고안된 방법이기도 하다. 상대적으로 음전하를 띠는 세포막을 통과하기 위하여 양전하를 띠는 화합물을 이용하는데 그 예로는 양이온 중합체인 PEI(polyethyleneimine), PPI(polypropylenimine), DEAE-dextran과 인산칼슘(calcium phosphate), 양이온성 지질(cationic lipid) 등이 있다. 이 중 양이온성 지질은 상용화되어 이용되고 있으며, 대표적으로 lipofectamine(Invirtogen), DOTAP(Santa Cruz Biotechnology) 등이 있다. 양이온성 지질을 포함한 양이온성 중합체는 음전하를 띠는 핵산과의 상호작용을 통한 운반체로서 작용하며 세포막에 도달한 핵산-운반체 복합체는 세포내섭취(endocytosis), 식세포작용(phagocytosis)을 통해 세포 내부로 들어가는 것으로 여겨진다. 화학적 방법은 세포막의 조성 상태, 세포주 종류, pH와 같은 전하에 영향을 끼치는 요인에 따라 효율이 달라지는 것이 단점이나 다른 방법에 비해 상대적으로 세포 독성이 덜한 장점이 있다.

만약 형질주입된 외래 유전자가 녹색형광단백질(Green Fluorescent Protein, GFP)을 독립적으로 또는 다른 유전자와 융합하여 암호화하고 있다면 녹색형광을 통해 형질주입의 효율을 정량적/정성적으로 확인할 수 있다. 녹색형광단백질은 크리스탈해파리(*Aequorea victoria*)에서 처음으로 발견되었으며, 238개의 아미노산 서열로 구성된 26.9kD의 단백질이다. 단백질은 베타 배럴구조 내부에 발색단(chromophore)을 가지는 3차원적 구조를 이루고 있으며, 해당 발색단은 세린(serine,

Ser), 타이로신(tyrosine, Tyr), 글라이신(glycine, Gly)으로 구성된다. 발색단 부분의 고리화(cyclization), 탈수축합과정(dehydration), 산화(oxidation)를 통해 녹색형광단백질은 395 nm와 470 nm의 청색 파장의 빛을 흡수하여 509 nm의 녹색 빛을 방출할 수 있다. 특정 파장의 빛을 흡수하여 방출하는 특성을 통해 형광현미경 및 형광활성세포선별기(Fluorescence Activated Cell Sorting, FACS)를 이용한 형질주입의 효율 파악 및 형질주입세포 추출이 가능하다.

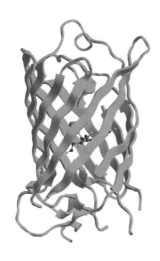

그림 15-1　GFP, 베타 배럴, 발색단의 3차원적 구조

　본 실험에서는 형질주입에 용이한 HEK293T 세포주를 활용하여 양이온 고분자인 PEI를 이용한 화학적 방법을 통해 녹색형광단백질 구조를 포함하고 있는 플라스미드 DNA를 형질주입한다. 이후 형광현미경을 통한 녹색형광단백질 발현 확인을 통한 형질주입 효율 파악을 목표로 한다.

재료 및 기구

(1) 재료

① 생물 및 DNA 재료 : HEK293T 세포주, 형질주입하고자 하는 핵산(플라스미드 DNA)
② 시약 및 용액 : 세포 배지(DMEM, 10% FBS, 1% Penicillin), 무혈청 배지(DMEM), PEI

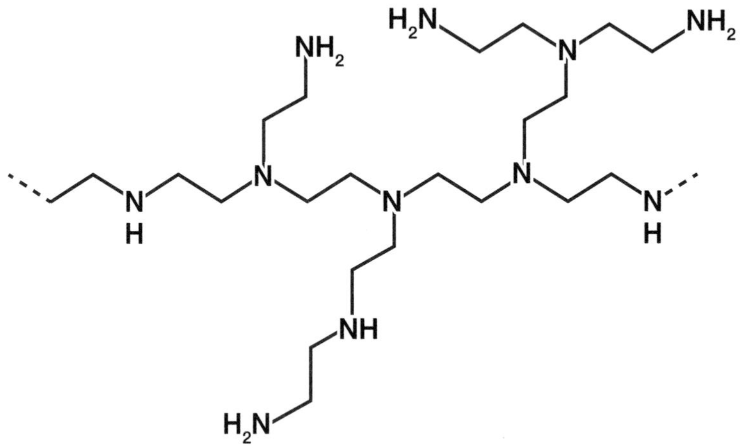

그림 15-2   PEI의 2차 구조

표 15-1   세포 배지 조성

성분	양
Dulbecco's Modified Eagle Medium(DMEM)	445 mL(89%)
Fetal Bovine Serum(FBS)	50 mL(10%)
100X Penicillin	5 mL(1%)
총합	500 mL(100%)

(2) 기구

세포 배양접시(100 mm), 클린벤치, 마이크로피펫과 팁, 형광현미경, 1.5 mL 마이크로 튜브, 볼텍스 믹서(vortex mixer)

실험 방법

❶ 9~10 mL 세포 배지가 담긴 세포 배양접시에 1 × 10⁶의 HEK293T 세포를 분주한다.

❷ 다음 날, 1 mL의 무혈청 배지에 외래 핵산(플라스미드 DNA) 4,000 ng과 외래 유전자 3배 이상 분량(>12,000 ng)의 PEI를 넣고 피펫팅 혹은 볼텍스 믹서를 사용하여 섞은 후 탁상용 원심분리기로 가볍게 가라앉힌다.

★피펫팅보다는 볼텍스 믹서를 이용해 샘플을 섞는 것이 DNA 손실을 줄일 수 있다.

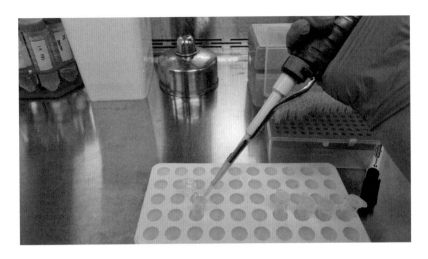

그림 15-3   핵산–PEI–무혈청 배지 용액 제조

❸ 10~15분간 무혈청 배지, PEI, 외래 핵산(플라스미드 DNA) 혼합물을 방치한다.

❹ 세포 배양접시에 외래 핵산과 PEI가 들어간 배지 혼합물을 분주하고 배지가 균일히 섞이게끔
8자 모양으로 천천히 돌려준다.

그림 15-4   혼합물 분주

❺ 혼합물 분주 후 다음 날, 기존 세포 배양 배지를 흡인 후 새로운 세포 배양 배지로 갈아준다.

❻ 24시간 및 48시간 후 형광현미경을 이용해 명시야와 암시야를 비교하며 각 세포에 녹색형광단
백질을 매개로 한 형광이 잘 나타나는지 관찰함으로써 형질주입 효율을 확인한다.

결과

그림 15-5 명시야

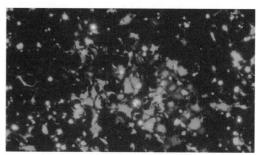

그림 15-6 암시야

① 명시야와 암시야를 비교했을 때 녹색 형광을 나타내는 세포가 어느 정도 되는지 세어 형질주입 효율을 확인한다.

명시야 세포 수	명시야의 세포 위치와 같은 형광 수	형질주입 효율

고찰

① 형질주입의 성공 여부를 녹색형광단백질을 통해 확인할 수 있는 이유는 무엇인가?

② 형질주입에 사용한 플라스미드 DNA가 가지는 특징에 대해 설명해 보자.

③ 형질주입의 효율을 확인할 수 있는 다른 방법이 있다면 어떤 방법이 있을지 설명해 보자.

참고문헌

1   https://www.scbt.com/p/dotap-transfection-reagent-144189-73-1

2   https://www.thermofisher.com/kr/ko/home/life-science/cell-culture/transfection/transfection-reagents.html

3   https://www.thermofisher.com/kr/ko/home/references/gibco-cell-culture-basics/transfection-basics/introduction-to-transfection.html

4　Potter, Huntington, and Richard Heller. Transfection by electroporation. Current protocols in molecular biology 121.1 (2018) : 9-3

5　Prados, J., et al. How is gene transfection able to improve current chemotherapy? The role of combined therapy in cancer treatment. Current medicinal chemistry 19.12 (2012) : 1870-1888

6　Prasher, Douglas C. Using GFP to see the light. Trends in genetics 11.8 (1995) : 320-323

7　Taketo, Akira. DNA transfection of Escherichia coli by electroporation. Biochimica et Biophysica Acta (BBA)-Gene Structure and Expression 949.3 (1988) : 318-324

8　Yao, C.P., Zhang, Z.X., Rahmanzadeh, R., & Huettmann, G. (2008). Laser-based gene transfection and gene therapy. IEEE transactions on nanobioscience, 7(2), 111-119

실험조		학번		작성자	
실험 일자		제출 일자		담당 조교	

실험조		학번		작성자	
실험 일자		제출 일자		담당 조교	

실험조		학번		작성자	
실험 일자		제출 일자		담당 조교	

실험조		학번		작성자	
실험 일자		제출 일자		담당 조교	

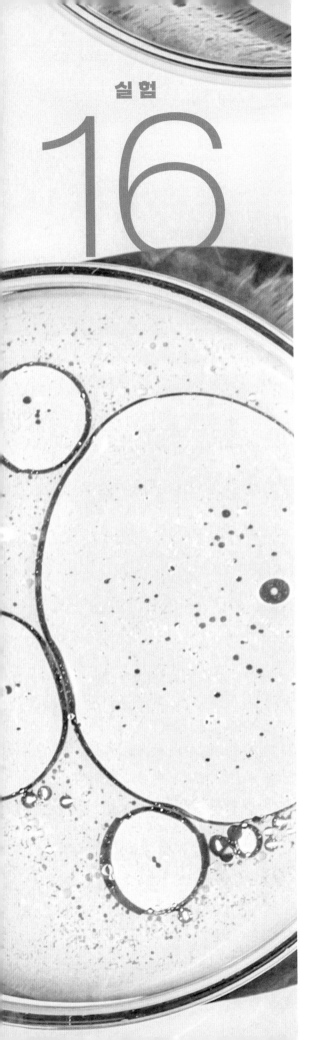

현미경 관찰

학습목표

- 생명과학 연구에 사용되는 현미경의 종류와 각 부분의 명칭 및 사용법을 안다.
- 실험의 목적에 맞추어 기본적인 프레파라트 제작법을 익힌다.
- 형광현미경을 통해 다양한 형광 파장을 이용하여 생물의 미세구조를 관찰한다.

원리

(1) 현미경의 원리

세포는 생물을 구조적, 기능적으로 구성하는 기본 단위이며, 대표적인 원핵세포와 진핵세포의 지름은 0.1~5.0 마이크로미터(μm)와 10~100 마이크로미터(μm)이다. 이처럼 세포는 아주 작은 크기를 가지고 있어 육안으로는 볼 수가 없기 때문에 현미경을 통하여 세포의 구조와 형태 및 소기관을 관찰하고 있다. 현미경은 크게 렌즈, 광원, 현미경의 구조적 지지를 하는 구조물들로 구성되어 있으며, 배율과 해상력에 의해 성능이 결정된다. 배율은 물체의 크기와 상의 크기 사이의 비율을 말하며 대물렌즈와 접안렌즈에 의해 결정된다. 대물렌즈는 관찰하고자 하는 물체와 맞닿는 방향에 있는 렌즈로 일차 확대상을 만들고, 접안렌즈는 경통의 반대편 끝에 눈이 직접 닿는 렌즈로 확대된 상의 최종배율을 나타낸다.[1]

$$해상력^* = 0.61 \times \lambda / \text{Numerical aperture}$$

(λ : 현미경에 사용된 빛의 파장, Numerical aperature : 개구수)

---

*해상력(resolving power)은 가까이 있는 두 점을 분리해 구별할 수 있는 최소한의 거리로 선명도를 나타내며, 현미경의 해상력은 대물렌즈의 배율이 클수록 커지고 사용하는 파장이 짧을수록 커지며, 대물렌즈와 시료 사이를 채우고 있는 매질의 굴절률에 비례해서 높아진다.[2, 3] 이러한 현미경은 사용하는 광원의 종류에 따라 가시광선을 사용하는 광학현미경과 전자(electron)를 이용하는 전자현미경으로 나뉜다.[4~6]

(2) 현미경을 이용한 면역세포화학 응용 및 원리

면역세포화학(Immunocytochemistry, ICC)은 항원(antigen, Ag)과 항체(antibody, Ab) 반응에서 가지는 높은 민감도(sensitivity)와 특이도(specificity)를 이용하여 관찰하고자 하는 특정 항원(specific substance)의 세포나 조직 내 존재 여부, 혹은 위치를 면역반응(Ag-Ab reaction)을 이용해 검출하는 기법이다. ICC는 세포배양, 면역형광염색(immunofluorescence staining), 관찰, 분석의 네 가지 과정을 거쳐 진행되며, 이때 사용하는 세포의 종류와 배양 형태, 항원-항체의 종류에 따라서 면역염색 과정에서의 실험 방법 및 시약의 종류와 농도를 결정할 수 있다. 항체는 일반적으로 효소 또는 형광염료를 표지자로 가지며 항체가 세포의 항원에 결합하면 표지자가 활성화되어 항원을 관찰할 수 있게 되는 원리를 이용한다. 특히 형광염료를 사용하는 경우 특정 파장의 빛을 흡수하고 일시적으로 더 높은 에너지 상태에서 더 긴 파장의 빛을 방출하며, 이때 방출하는 빛을 형광현미경이 감지하는 원리를 이용한다. 이를 통해 관찰하고자 하는 세포 내부의 구조 및 특정 항원의 유무와 영역을 시각화하여 다양한 분석에 활용할 수 있다.[7, 8]

Wavelength(nanometers)

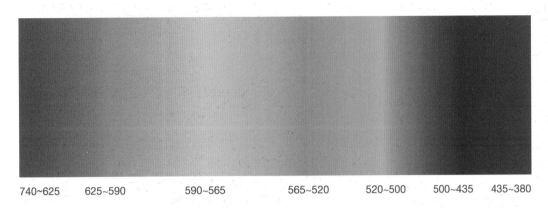

| 740~625 | 625~590 | 590~565 | 565~520 | 520~500 | 500~435 | 435~380 |

그림 16-1 형광염료에 따른 형광파장 그래프

(3) 면역세포화학(ICC) 시약 및 원리[7, 8]

① Triton X-100 : 일반적으로 사용되는 세포 용해 완충액으로, 세포막에 구멍을 만들어 관찰하고자 하는 시료를 준비하는 과정인 투과(permeabilization) 과정에서 사용되는 계면활성제(detergent)이다.

② Paraformaldehyde(PFA) : 필요한 농도로 희석되어 세포 고정(fixation)을 위해 사용되며, 다양한 생물학적 분석을 위해 세포 샘플(sample)을 관찰하고자 하는 상태로 보전한다.

③ Normal serum : 조직 및 세포 염색에서 비특이적인 항체 결합을 차단(blocking)하는 과정에서 사용한다. 실험에 사용된 1차, 2차 항체에 대한 시료의 수용체 결합 및 항체의 시료에 대한 비특이적 결합을 차단한다. 일반적으로 혈청은 1차 항체가 생성된 종과는 다른 종의 것을 사용하며, serum은 2차 항체가 생성된 종과 같은 것을 사용한다.

④ 항체(Antibody) : 항체는 특정 항원에 높은 특이성과 친화력을 가지고 결합하는 당단백질로, 높은 친화력과 특이성으로 인해 단백질의 국소화, 정제, 정량화에 사용된다. 1차 항체는 결합하는 에피토프(epitope)에 따라 단일클론(monoclonal) 또는 다클론(polyclonal) 항체일 수 있으며 단일클론 항체는 항원의 특정 에피토프 하나에 결합하는 반면 다클론 항체는 항원의 여러 다른 에피토프에 결합이 가능하다.

⑤ 형광염료 : 서로 다른 형광체는 서로 다른 파장에서 빛을 방출하기 때문에 하나의 시료에서 서로 다른 색을 가진 여러 형광체를 결합할 수 있다. 이를 이용해 각 색상이 특정 항원 표적을 나타내는 다색 이미지를 획득할 수 있다. 형광 표지 항체 외에도 자체적으로 형광을 띠고 다른 분자에 특이적으로 결합하는 고유한 능력이 있는 분자가 있는데, 예를 들어 DAPI(4′,6-diamidino-2-phenylindole)는 DNA에 결합하여 자외선에서 청색 스펙트럼의 빛을 방출하여 세포핵을 시각화한다.

| TUJ1 | NeuN | DAPI | Merge |

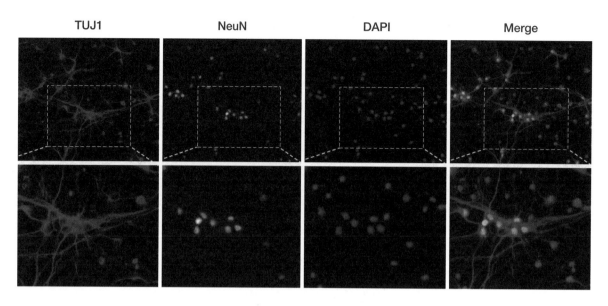

그림 16-2 면역세포화학 염색

현미경 소개 및 사용법

(1) 현미경 종류

① 광학현미경(Light Microscope, LM) : 빛의 굴절을 이용하여 볼록렌즈로 상을 확대(해상력 : 0.2 μm)하며 살아 있는 시료의 관찰이 가능한 장점을 가진다.[9]

- 위상차현미경(Phase-contrast) : 시료 자체가 가진 밀도 차이를 이용하여 염색하지 않은 세포가 대비되어 보이는 원리를 이용한다. 특히 살아 있거나 염색하지 않은 생물 시료 관찰이 가능하다.

- 간섭현미경(Differential interference contrast) : 위상차현미경과 같은 원리를 이용하여 염색되지 않은 시료를 밀도 차에 의한 대비를 통해 관찰한다. 또한 빛이 시료를 통과할 때 광선의 속도가 느려지는 특성을 이용하여 이미지를 3D에 가깝게 얻을 수 있다. 주로 세포 형태, 세포 분할, 입자 추적, 광학 측정 등의 분야에 적용된다.

- 형광현미경(Fluorescence) : 특정 파장의 형광을 발산하는 형광염료 또는 가시광선의 자외선이 물체를 통과하거나 굴절되어 생기는 형광을 관찰한다. 일반적인 세포는 형광을 나타내지 않기 때문에, 항체를 사용하여 특정 대상이 발산하는 형광으로 세포 내의 분포 유무 및 미세구조 연구에 사용된다.

- 공초점(Confocal) : 레이저를 이용해 형광염색된 시료의 단면을 관찰하는 광학 단면 분할 기능을 제공하여 고해상도의 3D상을 재구성한다. 시료로부터 초점에서 벗어난 위치에서 나오는

빛을 제거하여 오로지 초점이 맞는 여러 단면의 상을 합치는 원리를 이용한다.

② **전자현미경(Electron Microscope, EM)**: 전자의 굴절을 이용하여 자계렌즈로 상을 확대(해상력: 2 nm)하며 광학현미경으로 관찰할 수 없는 미세구조의 관찰이 가능한 것이 장점이다.[10]

- **투과전자현미경(Transmission Electron Microscope, TEM)**: 단파장의 전자빔을 이용해서 고분해능의 영상을 얻을 수 있으며, 무거운 금속 원자를 입혀 전자를 투사하는 방식이다. 시료를 통과한 전자의 패턴을 통해 이미지로 얇은 단면을 관찰할 수 있어 미세한 시료를 관찰할 때 많이 이용된다.

- **주사전자현미경(Scanning Electron Microscope, SEM)**: 전자총에서 발생된 전자빔을 시료 표면에 주사시켰을 때 생성된 정보로, 이차전자(secondary electrons)가 표면 구조, 후방산란전자(backscattered-electron)가 구성 정보와 저해상도 이미지를 검출하고, X-선이 시료의 원소 구성을 제공한다. 전자들의 패턴이 송출하는 영상을 통해 시료의 표면 모습을 입체적으로 관찰할 수 있다.

- **저온전자현미경(Cryo-EM)**: 단백질 용액을 -160℃ 미만에서 동결시켜 분자를 고정하고, 전자현미경으로 분자를 시각화한다. 샘플에 전자빔을 통과시키고 촬영 후 소프트웨어로 현미경 사진을 병합하여 3D 영상을 만든다.

(2) 현미경 기본 구조

① **접안렌즈**: 현미경의 가장 위쪽에 있으며, 눈을 대고 보는 렌즈이다. 보통 10×와 15× 배율이 있다.

② **대물렌즈**: 프레파라트와 접하게 되는 렌즈이며, 일반적으로 배율이 다른 3개의 렌즈로 구성되어 회전판을 돌려 교체한다.

③ **경통**: 접안렌즈가 끼워진 통이다.

④ **경각**: 현미경을 지지하는 바닥 부위이다.

⑤ **재물대**: 슬라이드 홀더(slide holder)가 있어 프레파라트를 고정할 수 있으며, 빛이 통과할 수 있다.

⑥ **조동나사**: 재물대를 크게 움직여 초점을 대략적으로 맞출 때 사용한다.

⑦ **미동나사**: 재물대를 미세하게 움직여 초점을 정확히 맞출 때 사용한다.

⑧ **광원장치**: 빛을 대물렌즈로 보내는 역할을 하며, 빛을 반사시키는 거울과 전구, LED를 사용하는 조명기가 있다. 광원조절나사를 사용해 광원장치에서 나오는 빛의 양을 관찰에 용이하도록 조절한다.

⑨ **조리개**: 재물대 밑에 위치하여 광원으로부터 나오는 빛의 양을 조절한다.

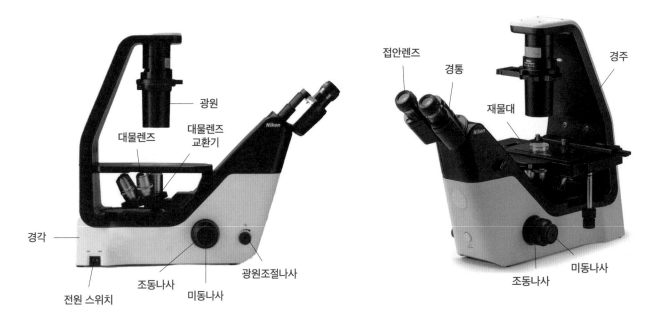

그림 16-3   광학현미경의 기본 구조

(3) 현미경 조작법

① 현미경을 평평한 곳에 놓고, 전원을 켠다.

② 조동나사를 돌려 경통을 올리고, 낮은 배율의 대물렌즈가 경통의 바로 밑에 오도록 회전판을 돌린다.

③ 광원장치와 조리개를 조절하여 시야를 밝게 한다.

④ 프레파라트를 재물대 위에 올려놓고, 슬라이드 홀더로 프레파라트를 고정한다.

⑤ 현미경을 옆에서 보면서 대물렌즈가 프레파라트에 닿을 정도까지 경통을 내린다.

⑥ 조동나사를 이용하여 관찰하고자 하는 상이 맺히도록 초점을 맞춘다.

⑦ 미동나사로 관찰하고자 하는 상의 초점을 정확히 맞춘다(시야에 상이 뚜렷하게 보이면 관찰 대상을 상하좌우로 움직이며 관찰한다).

⑧ 저배율에서 고배율로, 필요에 따라 점차 높은 배율로 관찰한다.

⑨ 관찰 후에는 재물대에서 프레파라트를 제거하고, 대물렌즈를 저배율로 맞춘 뒤 전원을 꺼 정리한다.

(4) 주의 사항

① 현미경은 평평한 곳에 위치하도록 한 뒤 사용하며, 현미경 조작 시 무리한 힘을 가하지 않는다.

② 현미경 관찰 내용을 기록할 때 그림 옆에 반드시 배율을 기록한다.

③ 초점을 맞출 때는 항상 파손에 주의하며 프레파라트와 대물렌즈 사이의 거리를 조절한다.

④ 사용 후 렌즈를 깨끗이 하여 서늘하고 건조한 곳에 보관한다.

시약 및 기구

(1) 시약

봉입 용액(mounting solution), 인산완충생리식염수(Phosphate-Buffered Solution, PBS)*, 비이온계 계면활성제(0.25% Triton X-100), 고정액(4% PFA), Blocking solution(normal host serum), 1차 항체, 2차 항체

---

*사용하는 시약들은 필요 농도로 만들기 위해 PBS에 희석한다.

(2) 기구

형광현미경, 커버 슬립(cover slip), 슬라이드 글라스(slide glass), 마이크로피펫

실험 방법

(1) 세포(Cell)

❶ 커버 슬립 위에 배양시킨 관찰하고자 하는 세포의 배지를 제거한 후, 1xPBS로 1번 세척한다.

❷ 4% PFA를 첨가하여 상온에서 20분간 방치한다.

❸ 1xPBS로 5분간 3회에 걸쳐 교반기 위에서 세척한다.

❹ 0.25% Triton X-100을 첨가하여 상온에서 5분간 방치한다.

❺ 1xPBS로 5분간 3회에 걸쳐 교반기 위에서 세척한다.

❻ Normal host serum을 첨가하여 상온에서 1시간 동안 교반기 위에서 반응시켜 준다.

★항체의 host에 따라 다른 normal serum 선택

★항체의 non-specific binding 정도에 따라 농도 및 반응 시간 선택

❼ 1차 항체 용액을 첨가하여 1시간 동안 교반기 위에서 반응시킨다.

❽ 1xPBS로 5분간 3회에 걸쳐 교반기 위에서 세척한다.

★관찰하고자 하는 단백질에 대한 항체의 reactivity 확인

★실험 목적에 따라 관찰하고자 하는 단백질에 대한 항체 및 희석 배수 선택

❾ 2차 항체 용액을 첨가한 후, 빛을 차단하여 1시간 동안 교반기 위에서 반응시킨다.

❿ 1xPBS로 5분씩 3회에 걸쳐 교반기 위에서 세척한다.

★관찰하고자 하는 1차 항체에 대한 reactivity 확인

★형광염료는 빛에 취약하므로 주의

★실험 목적에 따라 관찰하고자 하는 단백질에 대한 항체 및 희석 배수 선택

⓫ 슬라이드 글라스 위에 봉입 용액(mounting solution)을 떨어뜨린 뒤 세포가 부착된 커버 슬립을 45° 각도로 기울여 봉입 용액이 가장자리에 닿게 한 후, 기포가 생기지 않게 주의하며 덮는다.

★실험 목적 및 염색 시약에 따라 DAPI 염색이 포함된 봉입 용액(mounting solution) 사용 가능

⓬ 형광현미경을 이용하여 항체에 붙은 형광 염료에 맞는 파장으로 설정한 후, 저배율에서 고배율로 관찰한다.

참고문헌

1   Murphy, Douglas B.; Davidson, Michael W.(2012). Fundamentals of light microscopy and electronic imaging. John Wiley & Sons

2   Davidson, M. W. Resolution. Nikon's MicroscopyU. Nikon. Retrieved 2017-02-01.

3   http://www.ktword.co.kr/test/view/view.php?no=3837

4   https://www.olympus-ims.com/ko/microscope/terms/feature10/

5   Abramowitz, Mortimer, et al. Basic principles of microscope objectives. BioTechniques, 2002, 33.4 : 772-781

6   Amelinckx, Severin, et al. (ed.). (2008). Electron microscopy : principles and fundamentals. John Wiley & Sons

7   Protol to visualize ion channel trafficking in acutely isolated rodent neurons using live-cell immunocytochemistry, STAR Protocols, 2023

8   Immunocytochemistry and quantification of protein colocalization in cultured neurons, nature protocols, 2006

9   A quick guide to light microscopy in cell biology, 2016

10 https://www.thermofisher.com/kr/ko/home/materials-science/learning-center/applications/scanning-electron-microscope-sem-electron-column.html

실험조		학번		작성자	
실험 일자		제출 일자		담당 조교	

실험조		학번		작성자	
실험 일자		제출 일자		담당 조교	

실험조		학번		작성자	
실험 일자		제출 일자		담당 조교	

실험조		학번		작성자	
실험 일자		제출 일자		담당 조교	

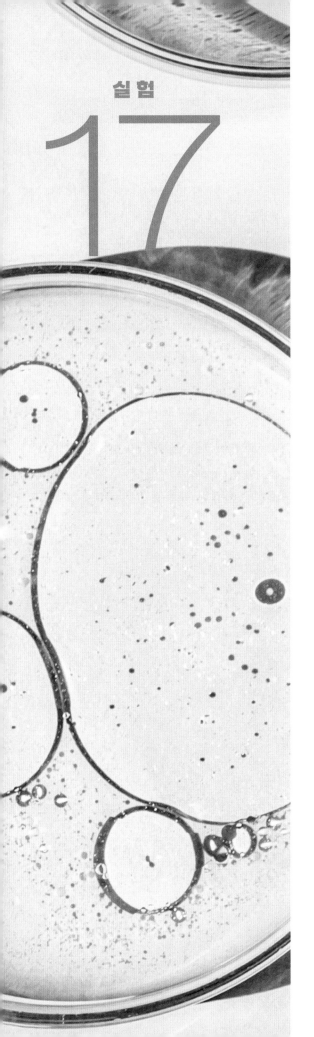

동물세포와 식물세포 관찰

학습목표

- 생명 현상의 기본 단위인 세포의 기본 구성과 특징에 대해 이해한다.

- 동물세포와 식물세포를 염색하여 광학현미경으로 비교 관찰하는 법을 익힌다.

- 사람의 구강상피세포(동물세포)와 양파의 표피세포(식물세포)의 공통점과 차이점을 관찰한다.

(1) 세포 염색의 정의, 응용 및 원리

세포는 생명체를 이루는 가장 기본 단위이며, 세포를 감싸고 있는 세포막(membrane)과 세포 내부를 채우는 세포기질(cytoplasm)로 구성되어 있으며, 이 구조 안에 세포 소기관들이 존재한다는 특징이 있다. 이러한 세포는 크게 원핵세포와 진핵세포로 나뉘며, 대표적인 차이점은 핵막의 유무로, 진핵세포는 핵막이 있어 유전 물질인 DNA가 핵막으로 둘러싸인 핵의 안쪽에 위치하는 반면, 원핵세포는 핵막이 없어 핵 구분이 어렵고, 핵양체(nucleoid)라고 하는 구조에 유전정보가 응집되어 있다.

진핵세포에는 동물세포와 식물세포가 있으며 이 두 종류의 세포는 대부분 특성을 공유하나, 이를 구성하는 세포 소기관에 차이가 있다. 식물세포에는 세포의 모양을 유지하는 세포벽과 식물세포에서 독립적인 에너지 생산 및 물질대사를 할 수 있도록 하는 소기관인 엽록소와 액포가 있다. 이는 동물세포에서는 관찰할 수 없는 특징이며, 동물세포에는 식물세포에는 없는 중심체가 있다. 이와 같은 특성은 세포 염색을 통해 현미경으로 관찰할 수 있다.

세포 염색에 사용되는 염색약은 DNA를 구성하는 뼈대(backbone)를 구성하는 인산기가 음전하를 띠며, 따라서 양전하를 띠는 염색약으로 염색하는 것을 기본 원리로 한다. 세포 염색은 다양한 염색 시약을 이용하여 세포나 조직의 형태를 염색하거나 세포막, 미토콘드리아, 핵 등 세포 내의 구성요소를 선택적으로 염색하여 시각화하는 데 사용되는 기술이다. 또한 조직이나 세포 내에 분포하는 특정 단백질만을 다양한 염색 시료를 통해 현미경으로 관찰할 수 있어 세포학, 혈청학, 세포생물학, 면역화학 등의 분야에서 사용되고 있다.[1, 2]

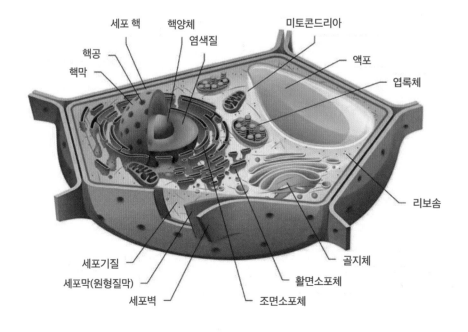

(a)

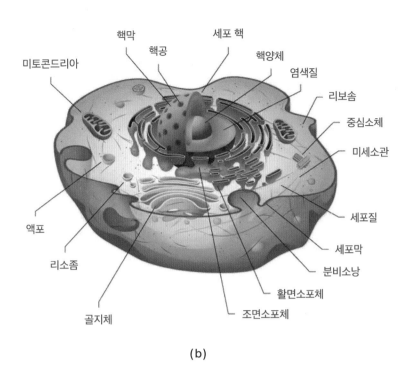

미토콘드리아
핵막
핵공
세포 핵
핵양체
염색질
리보솜
중심소체
미세소관
액포
리소좀
골지체
조면소포체
활면소포체
분비소낭
세포막
세포질

(b)

그림 17-1   (a) 식물세포와 (b) 동물세포의 구조 특징

(2) 세포 염색에 사용되는 시약 및 원리

① **70% 에탄올(ethanol, EtOH)** : 관찰하고자 하는 시료의 상태 보존을 위해 고정(fixation)과정을
거쳐야 하며, 이를 위한 시약으로 70% 에탄올을 사용할 수 있다. 이 시약은 특히 고정 속도가 빠
르며, 최적의 보존과 안전한 실험실 환경을 구성할 수 있도록 한다.[3]

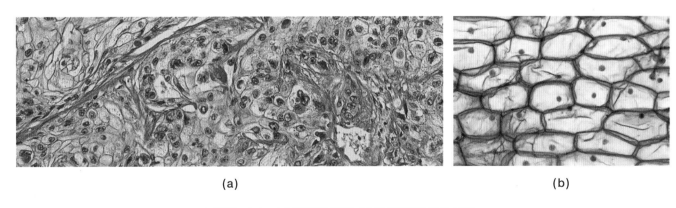

(a)   (b)

그림 17-2   (a) 메틸렌블루와 (b) 아세토카민 염색 사진

② **메틸렌블루(methlyene blue)** : 메틸렌블루는 푸른색을 띠는 염기성 염색약으로 적혈구로 인해 붉
은색을 띠는 동물 조직의 세포를 염색하여 연구 및 관찰에 사용한다. 양전하를 띠는 시약이 핵산

의 뼈대(backbone)를 구성하는 인산기에 반응하여 염색된다.[4, 5]

③ 아세토카민(acetocarmine) : 아세토카민은 붉은색을 띠는 염기성 염색약으로, 엽록체로 인해 푸른빛을 띠는 식물세포를 염색하여 그 구조를 명확히 관찰하는 데 사용된다. 음전하를 띠는 핵산의 인산기에 양전하를 띠는 아세토카민이 염색되는 원리를 이용한다.[6]

시약 및 기구

(1) 시약

70% 에탄올(70% ethanol), 1xPBS, 메틸렌블루(methylene blue), 아세토카민(acetocarmine)

(2) 기구

광학현미경, 커버 슬립(cover slip), 슬라이드 글라스(slide glass), 마이크로피펫, 면봉, 면도칼, 핀셋

실험 방법

(1) 동물세포(구강상피세포)

❶ 면봉을 사용하여 구강 내 표면을 가볍게 긁어 상피세포를 얻는다.

❷ 면봉에 묻은 구강상피세포를 슬라이드 글라스에 골고루 넓게 펴서 문지른다.

❸ 70% 에탄올을 떨어뜨려 3분간 방치한다.

❹ 여과지를 이용하여 70% 에탄올을 가볍게 제거한다.

❺ 1xPBS로 세척한다.

❻ 마이크로피펫을 사용하여 메틸렌블루를 슬라이드 글라스 위에 떨어뜨린 뒤 3분간 반응시킨다.

❼ 커버 슬립의 끝과 염색 용액이 맞닿게 한 상태에서 기포가 생기지 않게 주의하며 덮는다.

❽ 여과지를 이용해 커버 슬립 주변의 염색 용액을 흡수하여 제거한다.

❾ 광학현미경을 이용하여 저배율에서 고배율로 변경해 가며 관찰한다.

(2) 식물세포(양파 표피세포)

❶ 양파 표피(비늘잎) 부분을 면도칼을 이용하여 4~5 mm 크기로 (# 모양) 얇게 한 겹 잘라낸다.

❷ 70% 에탄올을 떨어뜨려 3분간 방치한다.

❸ 여과지를 이용하여 70% 에탄올을 가볍게 제거한다.

❹ 1xPBS를 이용하여 세척한다.

❺ 핀셋을 이용하여 떼어낸 양파 표피를 슬라이드 글라스 위에 올린다.

❻ 마이크로피펫을 사용하여 아세토카민을 슬라이드 글라스 위에 떨어뜨린다.

❼ 커버 슬립의 끝과 염색 용액이 맞닿게 한 상태에서 기포가 생기지 않게 주의하며 덮는다.

❽ 여과지를 이용해 커버 슬립 주변의 염색 용액을 흡수하여 제거한다.

❾ 광학현미경을 이용하여 저배율에서 고배율로 변경해 가며 관찰한다.

참고문헌

1   Campbell biology, 12th edition. 2022

2   Explorations in Basic Biology, 10th edition. 2005

3   Alcoholic fixation over formalin fixation : A new, safer option for morphologic and molecular analysis of tissues, 2022

4   A Simple and Efficient Method for Preparing Cell Slides and Staining without Using Cytocentrifuge and Cytoclips, 2015

5   Simple Staining of Cells on a Chip, 2022

6   Improved Methods for Acetocarmine and Haematoxylin Staining to Visualize Chromosomes in the Filamentous Green Alga Zygnema (Charophyta), 2023

실험조		학번		작성자	
실험 일자		제출 일자		담당 조교	

실험조		학번		작성자	
실험 일자		제출 일자		담당 조교	

실험조		학번		작성자	
실험 일자		제출 일자		담당 조교	

실험조		학번		작성자	
실험 일자		제출 일자		담당 조교	

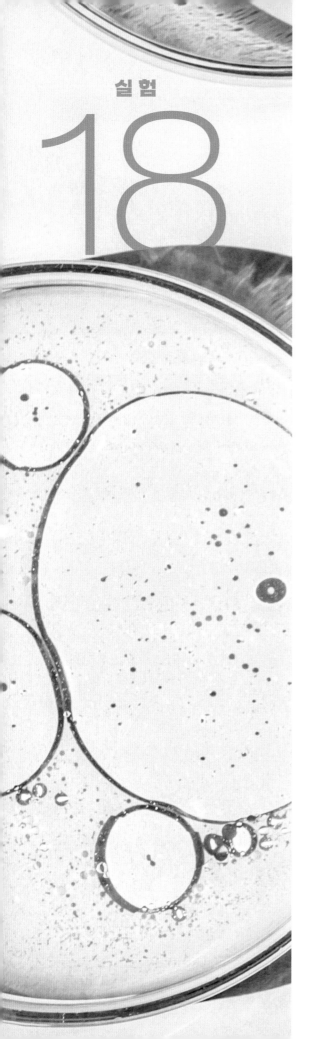

18

마우스 유전자형 분석

• PCR을 이용한 마우스의 유전자형 분석 실험의 과정을 습득하고, 결과 분석을 이해한다.

원리

(1) 유전자형 분석

유전자형 분석은 개체가 가지고 있는 유전자형을 조사하고 이를 이해하는 과정을 의미한다. 이를 위해 주로 PCR(Polymerase Chain Reaction) 기술이 사용되며, 형광현미경, DNA 시퀀싱 등의 기술도 활용된다. 이를 통해 특정 유전자 변이나 다형성을 식별하고, 해당 유전자 변이가 마우스의 생리학적 또는 변이학적 특성에 미치는 영향을 연구한다. 이를 통해 유전자 변이와 질병 발생 간의 상관관계를 밝히거나, 질병 메커니즘을 이해하여 새로운 치료 약물과 방법을 개발하는 데 이용된다.

(2) 유전자 변형 마우스의 종류 및 용도

유전자 변형 마우스(Genetically-Engineered Mouse, GEM)는 유전자 조작 기술을 사용하여 특정 유전자를 변경하거나 추가하여 유전자 기능이나 질병을 연구하기 위해 개발된 마우스를 의미한다. 다양한 유전자 변형 마우스가 연구 목적에 따라 개발되었으며, 이들은 주로 다음과 같은 종류로 분류된다.

① 유전자 발현량 조절

- 유전자 과발현 마우스(Transgenic mouse) : 마우스에 특정 유전자를 삽입하여 유전자 발현량을 증가시킨 마우스
- 유전자 결핍 마우스(Knock-out mouse) : 마우스의 특정 유전자를 제거하여 유전자 발현을 없앤 마우스

② 조직 및 발현 시기 조절 : 조건적 유전자 변형 마우스(conditional mouse)는 특정 유전자 변형이 발현되거나 작용하는 조건과 시점을 제어할 수 있는 마우스 모델이다. 특정 장기에서만 유전자가 과발현 및 억제되게 하거나, 특정 시점에만 유전자가 과발현 혹은 억제되도록 조절하여 실험에 이용한다.

③ CRISPR/Cas9 마우스 모델 : CRISPR Cas9/gDNA 시스템은 유전자의 특정 염기서열의 변이로 인한 기능이나 특성 변화를 연구할 수 있는 마우스 모델 제작에 활용된다. Cas9/gDNA 복합체는 target DNA 부위의 이중나선을 절단하고 세포가 이를 복구하도록 유도한다. 이때 세포는 주로 비상동말단연결(NHEJ)을 사용하여 DNA를 복구하게 되는데, 이때 발생된 삽입, 삭제 또는 치환으로 인해 target site에 변이가 발생하게 된다.[1]

(3) 마우스 꼬리 조직을 활용한 gDNA 분리 및 PCR을 이용한 마우스 유전 자형 분석

① Genomic DNA 추출 : 세포 내에 있는 전체 DNA를 유전체(genomic) DNA라고 한다. 세포 내 DNA는 많은 양의 단백질과 결합하여 응축된 형태로 존재하기 때문에, 순도 높은 DNA를 추출하기 위해서는 세포막과 단백질 등의 제거가 필수적이다. 세포 용해 버퍼와 proteinase K는 세포막을 용해하고 단백질을 분해하는 데 주요한 역할을 수행하고, phenol/chloroform/isoamyl alcohol의 경우 유기용매로서 단백질뿐만 아니라 지질을 제거하여 순수한 DNA만 남을 수 있도록 해준다.

단백질, 지질, RNA 등 많은 세포 내 구성 요소가 추출한 gDNA에 섞여 있을 수 있으므로 DNA의 순도와 농도를 정확하게 측정하여야 한다. 분광광도계를 이용하여 230, 260, 280 nm에서 흡광도를 측정한다. A260/A280과 A260/A230이 1.7~2.0일 경우 순도가 높은 DNA로 판단하며 이중가닥 DNA의 농도는 A260의 값이 1일 때 50 μg/mL이다.[2, 3]

② PCR : PCR은 DNA 분자를 대량으로 복제하는 분자생물학적 기술로, 특정 DNA 부분을 증폭할 수 있으며 이 과정은 온도 변화를 이용하여 세 가지 주요한 단계로 나뉜다.

- Denaturation : 고온조건(일반적으로 95℃)에서 두 가닥의 DNA(dsDNA) 사슬이 한 가닥 (ssDNA)으로 분리된다.
- Annealing : 온도가 낮아지면(일반적으로 50~65℃) ssDNA 주형에 primer가 결합하게 된다.
- Polymerization : 온도를 증가시키면(일반적으로 72℃) DNA polymerase가 primer를 사용하여 안정적으로 DNA 사슬을 연장시킨다.

위의 과정을 한 번 진행할 때마다 DNA가 2배 증가하므로 위의 과정을 반복할수록 DNA의 양이 제곱으로 늘어나게 된다.

③ 전기영동 : 전기영동은 주로 생체 고분자를 분석 및 분리 정제하는 중요한 방법 중 하나다. 이는 생체 고분자가 고유의 전하를 가지고 있고, 이것이 어떤 전기장에 이동할 수 있다는 원리를 바탕으로 사용된다. DNA 전기영동은 크기, 전하 또는 구조가 다른 DNA 조각을 분리하는 기본적인 방법이다. DNA는 backbone의 phosphate group을 가지고 있어 전기영동에 사용되는 버퍼 안에서 음전하를 띠고 있으며, 전기영동장치에서 (+)극으로 이동하게 된다.

Agarose gel은 DNA 단편을 200 bp부터 50 kb까지 분리할 수 있는 간편한 전기영동 재료이다. Agarose는 해초로부터 추출되는 물질로 선형 중합체의 형태를 가져 그물망 같은 matrix를 형성하게 된다. 그물망의 밀도는 agarose의 농도에 따라 정해지며, 농도가 높아질수록 촘촘해져 분자들의 이동속도가 느려지게 되어 더욱 작은 사이즈의 DNA를 구분하는 데 용이하다.

시약 및 기구

(1) 시약

DNA digestion buffer(50 mM Tris-HCl pH 8.0, 100 mM EDTA pH 8.0, 100 mM NaCl, 1% SDS), Neutralized phenol/chloroform/isoamyl alcohol, 70% ethanol, 100% ethanol, TE buffer, Taq DNA polymerase, 25 mM $MgCl_2$, dNTP mix, Agarose powder, TAE buffer, Autoclaved water, Primer(forward, reverse), Staining dye, 1 kb DNA ladder, DNA sample loading buffer

(2) 기구

멸균된 가위, 1.5 mL tube, Centrifuge, Pipette, Pipette tips, PCR tube strips, PCR machine, 전기영동장치, 저울, 비커, 전자레인지, Nanodrop

실험 방법

(1) 마우스 조직 채취 및 gDNA 추출[4]

❶ gDNA 추출을 위한 조직 준비를 위해 tube와 멸균된 가위를 준비한다.

❷ 마우스를 보정한 후, 꼬리의 일부분을 0.5 mm 정도 잘라 준비한 tube에 넣는다.

❸ 500 µL의 DNA digestion buffer(0.5 mg/mL proteinase K)를 조직이 담긴 튜브에 넣어준다.

❹ 조직이 완전히 버퍼에 잠겼는지 확인한 후, 50~55℃에서 overnight시켜 준다.

❺ Centrifuge를 이용하여 튜브 내용물을 아래로 모두 모아준 후, 700 µL의 neutralized phenol/chloroform/isoamyl alcohol 용액을 넣어준다.

❻ 1시간 정도 rotator를 이용하여 잘 섞어준다.

❼ Centrifuge를 이용하여 튜브 내용물을 모아준 후, 500 µL를 새로운 튜브로 옮겨준다.

❽ 1 mL의 100% ethanol을 넣어준 후, 1분간 inverting해 준다.

❾ 5분 동안 centrifuge를 진행한 후, 상층액을 제거한다.

❿ 500 µL에서 1 mL 정도의 70% ethanol을 넣어주고, inverting해 준다.

⓫ Centrifuge를 이용하여 5분간 원심분리한 후, 상층액을 제거한다.

⓬ 상층액 제거 후 원심분리하고 남은 ethanol을 완전히 제거한다.

⓭ Ethanol을 완전히 제거하기 위해, 상온에서 튜브 뚜껑을 열고 아래를 향하게 하여 충분히 말려준다.

⓮ TE buffer를 펠릿 양에 따라 100~200 µL 넣어준 후, pipette을 이용하여 다시 DNA를 버퍼에 풀어준 후, 65℃에서 15분간 incubation시켜 준다.

⓯ 추출된 DNA의 농도 및 순도를 측정하기 위해서 nanodrop 기기를 활용하여 230/260, 260/280 ratio를 측정하여 농도와 순도를 확인한다.

(2) PCR[5, 6]

❶ 위 단계에서 추출한 gDNA의 농도가 10 ng/µL가 되도록 TE buffer를 사용하여 희석한다.

❷ Primer와 기본적으로 PCR reaction에 들어가는 component를 얼음에 꽂아 녹인다.

❸ 다음과 같이 농도와 양을 계산하여, gDNA를 제외한 PCR mixture를 제조한다.

❹ 0.1 mL PCR tube-strip을 준비하고, 샘플 gDNA 4 µL를 각 튜브에 넣어준 후, 46 µL의 PCR mixture를 넣어준다.

Taq DNA polymerase (5 units/µL)	0.25 µL
25 mM MgCl$_2$	2 µL
10 mM dNTP mix (dATP, dGTP, dCTP, dTTP)	1 µL
10 µM Primer (Forward)	1 µL
10 µM Primer (Reverse)	1 µL
Autoclaved water	40.75 µL
gDNA (40 ng)	4 µL
Final volume	50 µL

❺ 튜브의 뚜껑을 확실히 닫은 후, centrifuge를 이용하여 뚜껑과 튜브 옆면에 묻은 용액을 아래로 모아준다.

❻ PCR 기계의 전원을 켠 후, 아래 protocol을 참고하여 PCR을 실시한다.

PCR step	Temperature	Duration	Note
Denature template	94℃	1 min	Repeat 25~30 cycles
Anneal primers	55℃	2 min	
Extension	72℃	3 min	
	4℃	∞	

(3) 전기영동[7]

2% agarose gel을 위한 agarose powder와 TAE buffer 양을 계산하여 전자저울과 시약접시를 이용하여 powder를 준비하고, 플라스크에 혼합한다.

★예) 30 mL의 TAE에 0.6 g의 agarose powder를 넣는다.

★TAE buffer 1 L 조성 : 40 mM Tris, 20 mM acetic acid, 0.5 M EDTA solution(pH 8.0) 1 mM, DW up to 1 L

❶ Agarose gel plate를 만들기 위해, casting tray에 comb과 block을 끼워 준비한다.

❷ 플라스크에 랩을 씌워 구멍을 뚫어준 후, 전자레인지에 넣어 agarose powder를 완전히 녹인다.

❸ ETBR 및 staining dye를 agarose 용액에 넣어 섞어준다.

★뜨거운 온도에 주의한다.

❹ 위에 준비한 tray에 기포가 생기지 않도록 부어준 후, 완전히 굳을 때까지 기다린다.

❺ 완전히 굳은 agarose gel을 전기영동장치에 넣어준 후, gel이 충분히 잠기도록 TAE buffer를 보충해 준다.

❻ DNA의 사이즈를 구분하도록 도와주는 DNA ladder와 sample들을 각각 sample buffer와 혼합한 후 pipette을 이용하여 agarose gel의 well에 넣어준다.

★이때 loading buffer에는 bromophenol blue, xylene cyanol, glycerol 등이 포함되는데, 이는 DNA sample의 이동을 눈으로 확인할 수 있도록 도와주고 샘플이 퍼져나가지 않도록 도와주는 역할을 한다.

❼ 기계를 작동시킨 후, (−)극에서 (+)극 방향으로 sample과 DNA ladder가 이동하는지 확인한다.

❽ sample이 agarose gel에서 완전히 빠져나가지 않도록 3/4지점에서 전원을 끄고 agarose gel을 꺼내어 젤 이미지 분석기기를 이용하여 사진을 찍어 결과를 확인한다.

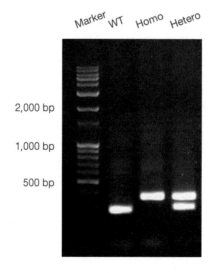

그림 18-1 PCR을 이용한 마우스 유전자형 분석

❾ 왼쪽의 DNA marker와 비교하여 PCR product의 사이즈를 확인하여 각 sample의 band pattern을 통해 유전자형을 확인한다.

★위의 예시에서 WT sample은 wild type mouse의 유전자형이며, Homo sample은 wild type에 특정 서열이 추가된 유전자형만을 가진 mouse로 homo type이라 부르며, Hetero sample은 특정 서열이 포함된 유전자형과 wild type의 유전자형이 혼재되어 있는 hetero type이다.

참고문헌

1   https://korea.cyagen.com/services/custom-animal-models/crispr-cas9-knockout-knockin-mice.html

2   https://dna.uga.edu/wp-content/uploads/sites/51/2019/02/Note-on-the-260_280-and-260_230-Ratios.pdf

3   https://foodsafetykorea.go.kr/foodcode/01_03.jsp?idx=777

4   https://www.jax.org/jax-mice-and-services/customer-support/technical-support/genotyping/selecting-a-protocol

5   https://www.sigmaaldrich.com/KR/ko/technical-documents/protocol/genomics/pcr/standard-pcr

6   https://takara.co.kr/web01/product/productList.asp?lcode=D210818

7   https://local.koreasci.com/download/manual/Edvotek/ED101.pdf

실험조		학번		작성자	
실험 일자		제출 일자		담당 조교	

실험조		학번		작성자	
실험 일자		제출 일자		담당 조교	

실험조		학번		작성자	
실험 일자		제출 일자		담당 조교	

실험조		학번		작성자	
실험 일자		제출 일자		담당 조교	

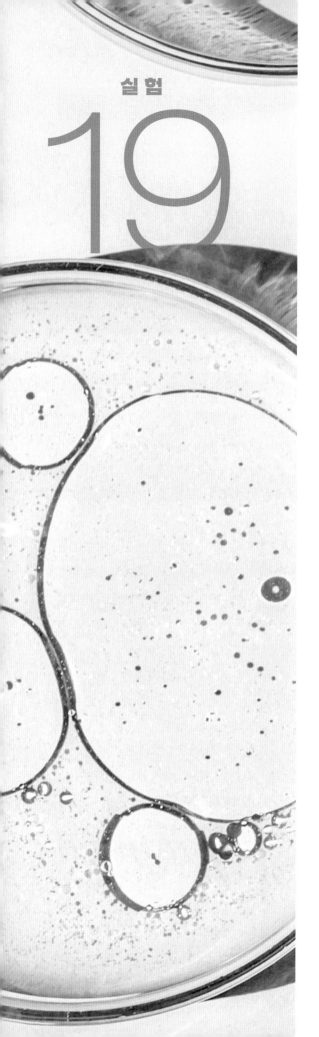

마우스 해부

학습목표

- 실험용 마우스의 해부를 통해 주요 장기 및 조직의 위치와 구조를 이해한다.

원리

(1) 실험동물의 종류와 용도

실험동물은 주로 생물학적 연구 및 실험 목적으로 사육되거나 이용되는 동물이다. 주로 마우스, 래트, 토끼, 원숭이 등이 사용된다. 이들은 사용 목적에 따라 기본 연구용, 생산용, 품종 개량용, 독성 시험용, 의학적 실험용 등으로 구분된다. 원숭이는 주로 고급 생물학적 연구에 사용되며, 뇌의 구조와 기능, 학습 및 기억 메커니즘, 사회 행동 등을 연구하는 데 중요한 모델로 활용된다. 특히 인간과 유사한 뇌 구조를 가지고 있어 인간 질병의 연구에도 상당히 유용하다. 토끼는 의학적 실험과 독성 시험에 주로 사용되는데, 심혈관계 질환, 알레르기 반응, 생식 기능 등을 연구한다. 마우스와 래트는 주로 생리학적 연구와 행동학적 연구에 사용되며, 신경학적 연구나 약물 시험 등 다양한 분야에서 활용된다. 생리학적 특성과 유전적 다양성으로 연구 및 실험 목적에 적합한 동물로 평가된다.[1]

(2) 설치류 동물의 실험동물로서의 장점

마우스는 실험동물로서 다양한 장점을 가지고 있다. 첫째, 마우스는 인간과의 생물학적 유사성이 높아서 유전자 조작 및 질병 모델 연구에 매우 유용하다. 이는 인간 질병의 발병 메커니즘을 연구하고 치료법을 개발하는 데 중요한 역할을 제공한다. 둘째, 마우스는 작은 몸 사이즈를 가지고 있어 사육과 관리가 비교적 간편하며, 실험실 내에서의 공간과 비용을 절약할 수 있다. 이는 실험동물을 활용한 연구 과정을 더 효율적으로 만들어준다. 게다가 마우스는 빠른 성장과 높은 번식률을 가지고 있어 대량 생산이 가능하며, 이는 실험 결과의 재현성을 높이는 데 유리하다. 마지막으로, 다양한 유전적 변이 모델을 가지고 있어 특정 질병이나 유전자의 생리학적 기능을 연구하는 데 매우 유용하다. 이러한 다양성은 연구자가 다양한 실험 설계를 시도하고 결과를 검증하는 데 도움을 준다. 종합적으로, 마우스는 실험동물로서 뛰어난 유연성과 신뢰성을 제공하여 다양한 연구 분야에서 널리 활용되고 있다.

(3) 동물 실험 윤리

실험동물의 사용은 과학적 발전에 매우 중요하지만, 동시에 동물 복지와 윤리적 고려가 필요하다. 모든 연구자는 동물 실험 시 동물 복지를 최우선으로 고려하고, 실험동물을 최소한으로 사용하며, 대체 방법과 동물의 고통을 최소화하는 방법을 우선적으로 선택해야 한다. 또한 실험동물 사용 전에는 신중한 윤리 심의와 도덕적 판단이 이루어져야 하며 윤리적 원칙을 준수하여 실험을 진행하여야 한다.

    동물 실험을 계획하는 연구자는 「동물보호법」 제51조 3항에 따라 동물실험윤리위원회(Institutional Animal Care and Use Committee, IACUC)의 승인을 받은 후 동물 실험을 수행할 수 있다. 동물실험계획서는 실험 개요, 동물 실험의 목적 및 필요성, 실험동물 및 동물 실험시설 정보, 실험물질 정보, 동물 실험 방법 및 절차, 고통 등급, 고통과 스트레스 완화를 위한 수의학적 관리, 동물 복지를 고려한 사육관리, 안락사, 안전관리 및 준수사항 등을 포함하여 IACUC에 제출되어야 한다. IACUC는 동물실험계획서 검토를 통해 과학적 및 윤리적인 타당성과 더불어 실험동물의 보호 및 복지를 고려하여 승인 여부를 결정하며, 승인 후 점검과정을 통해 동물 실험이 동물실험계획서의 절차와 방법으로 이루어지는지 관리한다.[2]

시약 및 기구

(1) 기구

마우스(C57BL/6), 해부대, 핀, 페트리 접시, 수술 도구(가위 및 핀셋), 주사기, 마스크, 해부용 장갑, 실험용 가운

실험 방법

(1) 마취

❶ 경추 탈구(Cervical dislocation) : 엄지손가락과 집게손가락으로 마우스의 귀 뒤쪽을 감싸 누른 후, 두개골과 경추를 분리하기 위해 꼬리를 빠르게 잡아당긴다.

❷ 피하 주사 : Avertin을 마우스 250 mg/kg으로 투여량을 계산하여 피하 주사한다.

❸ 흡입 마취 : CO_2, chloroform, 질소, 일산화탄소를 활용하여 마취한다.

(2) 해부

그림 19-1

❶ 쥐의 배가 위를 바라보도록 해부대에 올리고, 핀을 이용하여 쥐의 다리를 고정시킨다.

그림 19-2

❷ 복부 부분에 넓게 70% 에탄올을 뿌리고, 항문 부위를 기준으로 조금 윗부분에서 핀셋으로 가죽
　부분만을 들어 올려 가로로 조금 잘라낸 후, 복부를 넓게 절개하여 핀으로 고정한다.

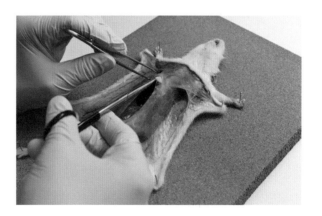

그림 19-3

❸ 벌어진 부분을 장기가 손상되지 않도록 주의하며 세로로 복부 가죽과 피막을 절단하고, 횡격막
　의 끝부분을 잡고 심장과 폐가 찔리지 않도록 주의하며 잘라낸다.

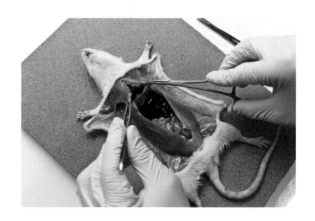

그림 19-4

❹ 갈비뼈와 횡격막을 완전히 제거하여 폐와 심장이 보이도록 한다.

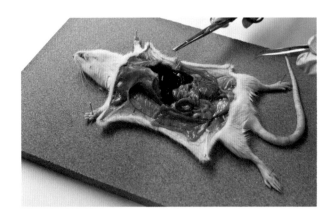

그림 19-5

❺ 각 기관의 위치를 확인한다.

• 소화기계통

 ◦ 소화기관 : 위(stomach), 작은창자(small intestine), 큰창자(large intestine), 맹장(caecum)

 ◦ 소화샘 : 간(liver), 지라(spleen)

• 호흡 · 순환기계통 : 폐(lung), 심장(heart)

• 생식기계통 : 콩팥(kidney), 고환(testis), 부고환(epididymis)

❻ 각 기관을 분리한다.

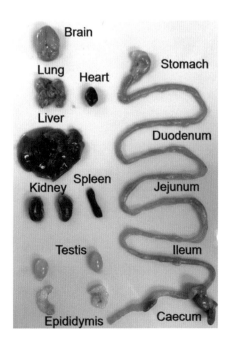

그림 19-6　마우스의 각 조직 이미지

- 심장 : 심장을 분리하기 위해, 대동맥과 상대정맥 그리고 폐동맥을 절제해야 하며, 이때 폐 조직을 손상시키지 않도록 주의한다.
- 폐 : 폐 조직의 경우 부드럽고 약하기 때문에, 핀셋으로 잡을 때 조직이 상하지 않도록 주의한다.
- 간 : 간 조직 역시 부드럽고 약하기 때문에, 핀셋으로 잡을 때 조직이 손상되지 않도록 하며, 간 동맥 및 정맥 절제 시 출혈이 있을 수 있으므로 주의한다.
- 위 및 소장 : 간 아래 오른쪽에 위와 연결된 소장이 존재하며, 위아래로 연결된 소장 부분을 자르고, 소장과 연결되어 있는 지방 조직들을 풀어주면서 분리한다.
- 뇌 : 마우스의 경추 부분부터 절제를 시작하여 핀셋을 이용하여 뇌가 손상되지 않도록 조심히 분리한다.

참고문헌

1 http://www.ksmcb.or.kr/notice/file/2006_3-3.pdf
2 http://www.animal.go.kr/aec/community/show.do?boardId=boardID03&page=2&pageSize=10&keyword=&column=&menuNo=3000000016&seq=100286

실험조		학번		작성자	
실험 일자		제출 일자		담당 조교	

실험조		학번		작성자	
실험 일자		제출 일자		담당 조교	

실험조		학번		작성자	
실험 일자		제출 일자		담당 조교	

실험조		학번		작성자	
실험 일자		제출 일자		담당 조교	

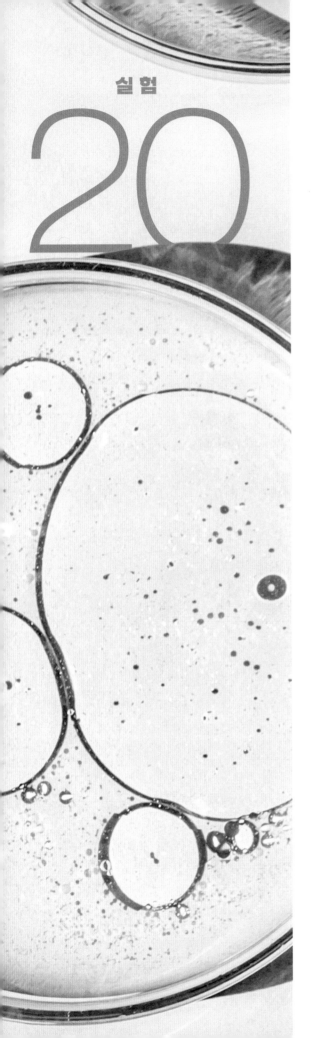

마우스 대동맥과 대동맥의 해부 및 염색

학습목표

- 마우스의 심장에서부터 대동맥까지의 구조를 관찰하고, 대동맥 내부의 경화반(plaque) 병변을 염색하고 관찰한다.

죽상동맥경화증은 동맥 내부에 콜레스테롤이 축적되어 단단한 경화반이 형성되고 염증과 섬유화가 동반되어 혈관 지름이 좁아지거나 막히게 되는 것을 말하며, 협심증, 심근경색, 뇌출혈 등의 심각한 질환을 유발할 수 있다.

마우스 모델을 활용한 죽상동맥경화증 연구에서 대동맥 내부에 축적된 지질을 분석하는 실험 방법이 많이 쓰이고 있다. 대동맥은 심장의 좌심실에서 시작하여 상행하다가 하행하여 척추를 따라 내려가 횡격막을 지나 신체 각 부분으로 혈액을 공급하는 주요 혈관 중 하나다.

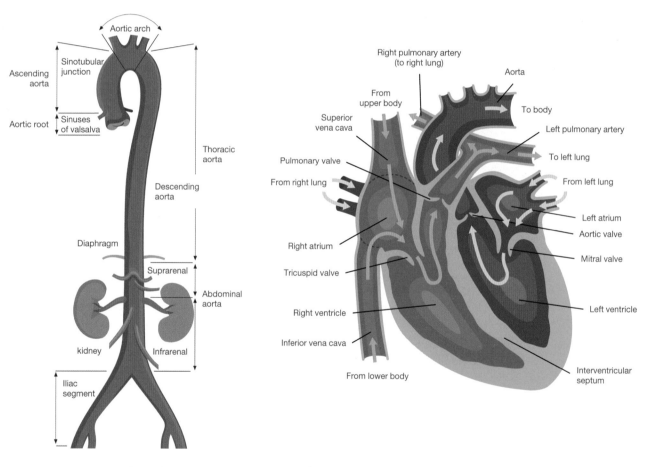

그림 20-1 대동맥의 구조   그림 20-2 심장에서 대동맥의 위치

일반적으로 C57BL/6 마우스에서는 죽상동맥경화증이 잘 유도되지 않아 죽상동맥경화증이 발병하기 쉬운 다양한 마우스 모델(ApoE 결핍 또는 LDLR 결핍 마우스)을 연구에 활용한다. 지질단백질인 ApoE가 발현되지 않거나 LDL 수용체인 LDLR이 결핍되면 혈액 내 콜레스테롤이 증가하여 죽상동맥경화증이 유발될 수 있다. 죽상동맥경화증 경화반의 위치는 대동맥 전반에 걸쳐서 관찰되며, 심장 내부의 동맥 판막 부근의 대동맥동(aortic sinus) 부분에서도 관찰할 수 있다. 대동맥 내부

의 죽상동맥경화증 병변을 확인하기 위해서는 경화반에 축적된 지질을 염색하는 Oil Red O 염색 방법과 섬유화된 조직의 콜라겐을 염색하는 picrosirius red staining 방법 등이 사용된다. Oil Red O는 지용성 염료로 lipid 부분에 붙어서 붉은색을 띠게 된다. Picrosirius red는 복굴절성 물질로 콜라겐에 붙으면 더욱 강한 복굴절성을 가지게 되어 편광에서 밝게 나타난다.[1]

시약 및 기구

(1) 시약

죽상동맥경화증 모델 마우스(예 : ApoE 결핍 또는 LDLR 결핍 마우스), 10% formalin, OCT compound, Cryoblock용 mold, Cryostat, Blade, Phosphate-buffered saline, Oil Red O 염색액, 60% isopropanol, 증류수, Hematoxylin

(2) 기구

해부용 미세 가위, 해부용 미세 포셉, 실체현미경

실험 방법[2]

(1) 마우스 대동맥 해부

❶ CO_2 주입 및 경추탈골을 통해 mouse를 sacrifice하여 준비한다.

❷ 복막과 가슴뼈를 절개하여 심장과 다른 장기가 잘 보이도록 열어준다.

❸ 심장, 대동맥, 신장을 제외한 장기를 절개하여 대동맥이 밖으로 노출되도록 한다.

❹ 실체현미경으로 대동맥을 관찰하면서 미세 포셉으로 혈관 외부의 지방 조직을 제거한다. (이때 혈관이 손상되지 않도록 주의한다.)

❺ 심장 부근의 aortic root, aortic arch, 몸통 아래쪽의 common iliac artery 끝부분을 잘라서 대동맥 전체를 분리한다.

❻ 분리한 대동맥을 10% formalin에 넣고 고정한다.

❼ 대동맥을 PBS에 넣고 실체현미경으로 관찰하면서 미세 가위로 대동맥을 잘라서 혈관 내 단면이 밖으로 노출되게 펼쳐서 핀으로 고정한다.

(2) 심장 조직 내 대동맥동 부위의 냉동절편 제작

❶ 마우스에서 분리한 심장 조직을 10% formalin에 넣고 고정한다.

❷ Mold에 심장 조직을 넣고 OCT compound를 채우고 −80℃에서 냉동한다.

❸ Cryostat을 사용하여 심장 조직을 7 μm 두께로 절단하고, 현미경으로 관찰해서 대동맥동 위치
의 절편을 확인한다.

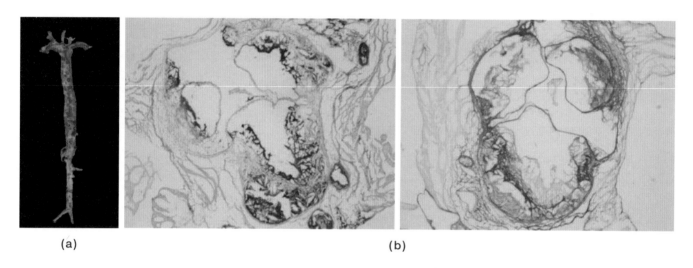

(a)　　　　　　　　　　　　　　　　　　　　　(b)

그림 20-3　(a) Oil Red O 염색한 마우스 대동맥과 (b) 심장 내 대동맥동에서 Oil Red O 염색과 picrosirius red 염색한 시료

(3) Oil Red O 염색 및 죽상동맥경화증 병변 분석

❶ 펼쳐서 고정한 대동맥 또는 심장 조직을 증류수로 10분간 wash하고, 60% isopropanol로 1분
간 wash한다.

❷ Oil Red O 염색액으로 1시간 동안 처리한다.

❸ 증류수로 10분간 wash한다.

❹ 심장 조직의 경우에는 hematoxylin으로 counterstaining을 진행한다.

❺ 염색한 조직을 imaging하고, 붉은색으로 염색된 조직 영역의 비율을 측정한다.

참고문헌

1　Methods Mol Biol. 2017 : 1627 : 395-407

2　J Vis Exp. 2019 Jun 12 : (148)

실험조		학번		작성자	
실험 일자		제출 일자		담당 조교	

실험조		학번		작성자	
실험 일자		제출 일자		담당 조교	

실험조		학번		작성자	
실험 일자		제출 일자		담당 조교	

		학번		작성자	

실험조		학번		작성자	
실험 일자		제출 일자		담당 조교	